工业机器人性能测试技术

祖洪飞　陈章位　樊开夫　张　翔　著

U0221457

ZHEJIANG UNIVERSITY PRESS
浙江大学出版社

图书在版编目(CIP)数据

工业机器人性能测试技术 / 祖洪飞等著. —杭州：
浙江大学出版社,2019.9
ISBN 978-7-308-19518-8

Ⅰ.①工… Ⅱ.①祖… Ⅲ.工业机器人－性能－测
试技术－研究 Ⅳ.①TP242.206

中国版本图书馆 CIP 数据核字(2019)第 196146 号

工业机器人性能测试技术

祖洪飞　陈章位　樊开夫　张　翔　著

责任编辑	王　波
责任校对	汪志强
封面设计	续设计
出版发行	浙江大学出版社
	(杭州市天目山路 148 号　邮政编码 310007)
	(网址:http://www.zjupress.com)
排　　版	浙江时代出版服务有限公司
印　　刷	杭州钱江彩色印务有限公司
开　　本	787mm×1092mm　1/16
印　　张	14.5
字　　数	353 千
版 印 次	2019 年 9 月第 1 版　2019 年 9 月第 1 次印刷
书　　号	ISBN 978-7-308-19518-8
定　　价	39.00 元

序

当前，机器人的应用范围越来越广，机器人与数字制造、人工智能相结合，将会引发一场制造业的革命。随着人口红利的逐渐消失、国家战略的积极推行、自动化需求的不断释放，我国工业机器人行业发展迅速。近年来，我国工业机器人销量持续增长，多年保持全球第一。我国已成为全球最大的工业机器人消费市场。

但是，对于机器人自身的性能检测、故障诊断，目前我国还处于起步阶段。机器人性能检测是了解机器人运行状况及健康情况的必要手段，机器人性能标定是提升机器人精度、工作效率及安全性等方面的重要途径。《工业机器人性能测试技术》一书旨在为开设机器人相关课程或拟开设机器人相关课程的本科及职业技术院校提供实用、易理解的机器人性能检测与标定的教材，培养该领域兼顾理论基础与实际操作应用的人才。本书主要分理论部分与实训部分两个板块，其中理论部分主要介绍工业机器人相关标准及检测和标定方法、流程、系统等，实训部分将理论部分实践化，通过具体的试验设计使读者深化理解并能应用工业机器人的检测及标定方法等。

本书作者长期专注于测试诊断领域的研究工作，研制的测试仪器在国内外相关行业获得广泛应用，这为进入机器人性能检测领域奠定了雄厚的基础。本书内容丰富，体系安排合理，理论联系实际，反映了国内外工业机器人测试研究的新进展，可读性好。我相信本书的出版必将为我国工业机器人的教育和发展、机器人技术的推广和应用发挥重要的促进作用。

西安交通大学机械工程学院　陈雪峰

前　言

　　机器人是集机械、电子、控制、传感器、人工智能等多学科重要技术于一体的先进自动化装备。得益于上述领域核心技术的发展与融合,机器人迎来了大发展,2013—2018 年全球机器人市场规模的平均增长率约为 15.1%。近年来,在一系列政策支持和市场需求拉动下,我国机器人产业快速发展,2013 年中国超过日本,成为全球第一大机器人市场,并保持至今。目前,作为机器人最庞大、最重要的一个类别,工业机器人的发展最成熟、应用最广泛。随着我国劳动力成本快速上涨,人口红利逐渐消失,以及制造业从劳动密集型向技术密集型转变,可以预见,我国工业机器人产业将保持持续快速增长。另一方面,目前全国已有近 200 家院校开设机器人工程专业,其中 2018 年新增 60 所,2019 年新增 100 所。可见,当前无论在工业界还是学术界,机器人,尤其是工业机器人都发展迅猛。

　　工业机器人作为一个复杂的集成机电系统,其安全性、可靠性、准确度等性能是首先要考虑和研究的。工业机器人性能的测试与评估依赖于先进的测量技术和手段,如拉线式传感器、机器视觉、超声、激光干涉等技术在工业机器人性能测量领域都有尝试和应用。近年来,随着激光跟踪技术的发展及激光跟踪仪的成熟,基于激光跟踪仪的测量系统受到越来越多的青睐,并已逐渐成为主流,它的优势主要体现在:测量范围大、精度高、速度快,并可实现六维测量、无接触式测量及在线测量等。而且,随着对激光跟踪技术的进一步研究与扩展应用,其测量优势将逐步扩大,如基于多基站(激光跟踪仪)的测量系统拥有比单基站系统更高的测量准确度和重复性。另外,在性能测量的基础上,可以结合先进的智能算法,对性能下降的工业机器人进行标定,实现在不改变任何机械部件的前提下大幅度提高其性能的目标。工业机器人性能的测量和标定这两项内容,对保障该行业高质量发展有重要意义。

　　在此背景下,作者结合多年的教学与行业经验,在广泛调研与实践的基础上编著本教材,以期向读者系统性地介绍工业机器人性能测量与标定相关的理论知识与实训操作。本教材主要分两部分:第一部分为理论部分,共包含 4 章,第 1 章为绪论,主要介绍机器人及工业机器人的定义、发展、分类及应用等;第 2 章为工业机器人标准及性能指标,首先介绍国内外机器人方面的标准及其制定组织等,之后主要根据 GB/T 12642—2013(对标 ISO 9283:1998)详细说明工业机器人的 14 项性能指标及其测试方法和流程;第 3 章为工业机器人性能测量技术,主要介绍工业机器人性能测量的各种方法和原理;第 4 章为工业机器人标定技术,主要内容为工业机器人标定的意义、现状、步骤及分析方法等。为了让更多的读者接触并了解本教材关于工业机器人性能测量与标定的核心内容,作者已尽量避免引入机器人学方面的复杂公式,如坐标变换及微分运动的雅克比矩阵等,有兴趣或需要的读者可以寻找相关教材阅读。第二部分为实训部分,主要根据目前国内应用最多的基于激光跟踪仪的机器人性能测试系统——ARTS(Advanced Robot Testing System),设计了 19 个实训,实训 1 为 ARTS 的介绍,实训 2 和 3 分别为示教器编程和准备操作,实训 4 到 14 包含了 GB/T 12642—2013 列述的工业机器人 14 项性能指标的详细测试过程,实训 15 到 19 为针对四种典型机器人(SCARA、工业六轴、协作、码垛)的标定过程及抖动测量。

本教材的作者共有四位,这里也做一个简要的介绍。

祖洪飞,博士,副教授,硕士生导师。本科及硕士毕业于西安交通大学电信学院,博士毕业于美国匹兹堡大学机械工程系。现任浙江理工大学机械与自动控制学院特聘副教授,中国振动工程学会机械动力学专业委员会委员,在线检测技术与智能制造专业委员会委员,*Sensors and Actuators A：Physics*、*Journal of Electronic Materials* 等期刊审稿人。已发表 SCI 期刊论文 10 篇,累计影响因子 20 以上,引用 60 余次;发表国际会议论文 10 余篇,做大会报告 3 次。

陈章位,博士,教授,博士生导师。本科及硕士毕业于浙江大学科仪系,博士毕业于浙江大学机械系。现任浙江大学机械工程学院教授,杭州亿恒科技有限公司董事长,中国振动工程学会常务理事,浙江省振动工程学会副理事长,全国机械振动与冲击标准化技术委员会委员,《振动工程学报》《振动与冲击》编委。近几年,作为课题负责人,参与了科技部智能机器人专项重点研发计划 2 项,并先后主持其他各类项目百余项,发表高水平学术论文 90 余篇,其中 EI 收录 20 余篇,获授权发明专利和实用新型专利 20 多项,主持或参与了 3 项国家级标准的制定。

樊开夫,现任广东省东莞市质量监督检测中心智能加工装备国检中心筹建组组长,曾主持广东省质量技术监督局科技项目 2 项,参与国家质检总局项目 2 项。发表论文 5 篇,获得实用新型专利 1 项,以第一作者起草企业标准 1 项。

张翔,博士,杭州电子科技大学计算机学院教师,浙江谱麦科技有限公司技术总监。担任江苏省机器人与机器人装备标准化技术委员会委员,先后参与科技部智能机器人专项重点研发计划 1 项、国家自然科学基金项目 1 项,主持省级重大专项 2 项,获得发明专利 6 项、软件著作权 10 项,发表 SCI/EI 论文 10 余篇,出版著作 1 部、教材 1 部,获得省级科技二等奖 1 项、省级科技三等奖 2 项。

　　本教材能够顺利成文和出版,除了作者的努力之外,还要特别感谢以下人员的无私帮助:感谢西安交通大学机械工程学院院长陈雪峰教授于百忙之中拨冗为本书作序;感谢浙江大学机械工程学院毛晨涛博士参与本书理论部分的编写讨论;感谢浙江谱麦科技有限公司吴贤欢工程师以及谭晶晶提供实训部分的原始资料并做了耐心修改;感谢浙江大学出版社几位老师对书稿的细心编校。

　　此外,还要特别感谢 2017 国家重点研发计划(2017YFB1301400)及 2018 国家重点研发计划(2018YFB1306100)的资助。

　　最后,虽然作者花费了大量的时间和精力来完善书稿,但由于水平所限和成书期限短促,书中定有许多错误或不足之处,衷心希望广大读者与社会各界人士给予批评指正。

祖洪飞

2019 年 8 月于杭州

目 录

一 理论部分

二 实训部分

一　理论部分

第1章 绪　论

1.1　机器人概述

从"机器人"这一概念的出现,到世界上第一台机器人的诞生,再到当今机器人技术及人工智能技术的快速发展与融合,机器人已经逐步从人们的想象以及科幻小说、电影等艺术作品中走向了工业等领域的应用甚至走进人们的日常生活中。其应用领域也从最初的工业制造逐步扩展到军事、航空航天、医疗以及服务等越来越多的行业。随着其机械化、自动化及智能化的发展,机器人不仅可以完成或者帮助人们完成危险以及恶劣环境下的作业,还可以解放生产力、提高生产效率、改善人们的生活水平。机器人正在迅速地改变着人类的工作以及生活的方式。科学家们预言:机器人产业将成为继汽车、计算机之后的第三大朝阳产业。美国机器人学专家斯奈德(W. E. Snyder)指出:"尽管只有少数人能成为机器人的设计者,但几乎所有人都会成为机器人的使用者,其中很多人将做出购买和应用机器人的决策。"

自机器人技术兴起以来,为满足日益增长的自动化生产需求,工业领域率先开启了对机器人的大范围应用,并用极短的时间实现了规模化的发展。时至今日,机器人产业不仅被称为"制造业皇冠顶端的明珠",还被看作是国家创新力和产业竞争力的重要表现。世界主要经济体纷纷将发展机器人产业作为重点项目,甚至将其置于国家发展战略的重要位置,以此增强本国在国际上的竞争力。作为全球新一轮科技和产业革命的切入点,机器人产业的发展同样受到我国的青睐,从20世纪70年代起步开始,我国政府就对机器人产业给予了高度的重视和支持。近年来,国家相继发布了《中华人民共和国国民经济和社会发展第十三个五年规划纲要》《机器人产业发展规划(2016—2020年)》《三部门关于促进机器人产业健康发展的通知》《中国制造2025》等系列文件,为国内机器人产业发展做出积极战略部署和引导,监督并推动着机器人产业逐步走向成熟。世界主要国家及地区近年来与机器人相关的规划政策见表1-1。

据国际机器人联合会(IFR)统计分析,2017年全球机器人产业规模已超过250亿美元,增长超过20%,预计2018年将达到300亿美元。我国工业和信息化部表示,近年来中国机器人产业呈现了迅速增长的趋势,2017年,市场规模达到近70亿美元,其中工业机器人产量超过13万台。预计到2020年,我国机器人产业相关收入将超过1万亿元;麦肯锡咨询公司预测到2025年,先进机器人在制造、医疗和服务等领域可创造1.7万亿~4.5万亿美元产值。

表 1-1   世界主要国家及地区近年来与机器人相关的规划政策

主要国家及地区	与机器人相关的规划政策	发布年份
美国	国家机器人计划(NRI)	2011
	先进制造伙伴计划(AMP)	2011
	机器人技术路线图:从互联网到机器人	2013
	国家机器人计划 2.0	2017
欧盟	第七框架计划(FP7)	2007
	机器人研发计划(SPARC)	2014
	地平线 2020 计划	2014
	服务机器人项目(MARIO)	2015
	工业 4.0 战略(德国)	2011
	机器人和自主系统战略 2020(英国)	2012
	机器人发展计划(法国)	2013
日本	投资并建立机器人特区	2013
	机器人白皮书	2014
	新经济增长战略	2014
	机器人新战略	2015
韩国	智能机器人促进法	2008
	智能机器人基本计划(第一期)	2009
	机器人在未来战略展望 2022	2012
	第二次智能机器人行动计划(2014—2018)	2013
	智能机器人基本计划(第二期)	2014
中国	服务机器人科技发展"十二五"专项规划	2012
	智能制造装备产业"十二五"发展规划	2012
	关于推进工业机器人产业发展的指导意见	2013
	中国制造 2025	2015
	机器人产业发展规划(2016—2020 年)	2016

1.1.1   机器人的定义

目前,虽然机器人已被广泛应用,但国际上对机器人还没有一个统一的定义,不同国家和地区以及不同的研究领域给出的定义不尽相同,主要有以下几种。

1. 国际标准化组织(ISO)的定义

机器人是一种自动的、位置可控的、具有编程能力的多功能操作机,这种操作机具有几个轴,能够借助可编程操作来处理各种材料、零件、工具和专用装置,以执行各种任务。

2. 英国《牛津简明英语词典》的定义

机器人是貌似人的自动机,是具有智力的、顺从于人但不具有人格的机器。

3. 美国机器人协会(RIA)的定义

机器人是一种用于移动各种材料、零件、工具或专用装置的,通过可编程的动作来执行各种任务的具有编程能力的多功能机械手。

4. 美国国家标准局(NBS)的定义

机器人是一种能够进行编程并在自动控制下执行某些操作和移动作业任务的机械装置。

5. 日本工业机器人协会(JIRA)的定义

机器人分为两类:工业机器人是一种能够执行与人体上肢(手和臂)类似动作的多功能机器;智能机器人是一种具有感觉和识别能力,并能控制自身行为的机器。

6. 维基百科(Wikipedia)的定义

机器人是一个机器装置——尤其是通过电脑可编程的机器——能够自动执行一系列复杂的动作。机器人可以由外部控制装置引导,也可以将控制嵌入内部。机器人可以被构造成人形,但大多数机器人都是被设计用来执行任务的机器,而与它们的外观无关。

7. 百度百科的定义

机器人是自动执行工作的机器装置。它既可以接受人类指挥,又可以运行预先编排的程序,也可以根据以人工智能技术制定的原则、纲领行动。它的任务是协助或取代人类的工作,例如生产业、建筑业,或是危险的工作。

可以看出,尽管关于机器人的定义有较大差别,但其基本原则大体一致:机器人是一种自动的、可编程的机器装置。随着机器人的发展,相信其定义将会得到进一步的修改和更新。

1.1.2　机器人的由来及发展

"机器人"一词最早出现于 1920 年捷克斯洛伐克剧作家卡雷尔·凯培克(Karel Kapek)的一部幻想剧《罗萨姆的万能机器人》(*Rossum's Universal Robots*,剧本封面及剧照见图 1-1)中。"Robot"是由斯洛伐克语"Robota"衍生而来的,意为"奴隶式的强迫劳动"。

1950 年,美国科幻小说家加斯卡·阿西莫夫(Jassc Asimov)在他的小说《我是机器人》中,提出了著名的"机器人三守则":

A. 机器人不能危害人类,不能眼看人类受害而袖手旁观;

B. 机器人必须服从于人类,除非这种服从有害于人类;

C. 机器人应该能够保护自身不受伤害,除非为了保护人类或者人类命令它做出牺牲。

这三条守则给机器人赋予了伦理观,至今仍被机器人研究者视为开发机器人的准则。

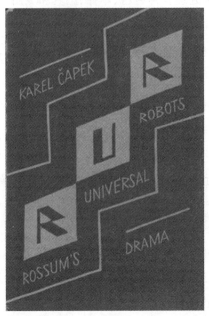

(a) 封面

(b) 剧照

图 1-1 《罗萨姆的万能机器人》

1959 年,享有"机器人之父"美誉的约瑟夫·恩格尔伯格(Joseph F. Engelberger)与其合作者乔治·德沃尔(George Devol)研制出了世界上第一台机器人;1954 年,德沃尔申请了"程序化部件传送设备"(Programmed Article Transfer)专利;1956 年,恩格尔伯格买下此专利;1957 年,两人共同创立世界上第一家机器人公司——万能自动公司(Unimation);1959 年,他们研制出世界上第一台机器人——尤尼梅特(Unimate),其重量约 2 吨,精确度可达 1/10000 英寸。约瑟夫·恩格尔伯格及早期的机器人见图 1-2。该机器人基座上有一个大机械臂,可绕轴在基座上转动;大机械臂又伸出一个小机械臂,它可以相对大臂伸出与缩回;小臂顶端有一个腕关节,可绕小臂转动;腕关节前部是机械手及操作器。

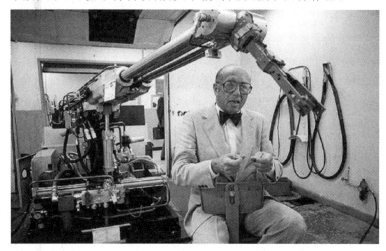

图 1-2　约瑟夫·恩格尔伯格及尤尼梅特机器人

1962 年,美国机械与铸造公司(AMF)制造出一台数控自动通用机,取名"Versatran",意思是"万能搬运",并以"Industrial Robot"为商品广告投入市场。

1967 年,万能自动公司(Unimation)第一台喷涂用机器人出口到日本川崎重工业公司。

1968 年,第一台智能机器人 Shakey 在斯坦福研究所诞生。

1972 年,IBM 公司开发出直角坐标机器人。

1973 年,Cincinnati Milacron 公司推出 T3 型机器人。

1978 年,第一台 PUMA 机器人在万能自动公司(Unimation)诞生。

1982 年,西屋(Westinghouse)公司兼并万能自动公司(Unimation),随后又卖给瑞士的 Staubli 公司。

1990 年,Cincinnati Milacron 公司被瑞士 ABB 公司兼并。

1993 年,一台名为"但丁"(Dante)的八脚机器人试图探索南极洲的埃里伯斯火山,这一具有里程碑意义的行动由研究人员在美国远程操控,开辟了机器人探索危险环境的新纪元。

1997 年,小个头的"旅居者"探测器(Sojourner Rover)开始了自己的火星科研任务,它的最高行走时速为 0.02 英里,这台机器人探索了自己着陆点附近的区域,并在之后三个月中拍摄了 550 张照片。

1999 年,索尼公司出品机器狗"爱宝"(Aibo),售价 2000 美元的机器狗能够自由地在房间里走动,并且能够对有限的一组命令做出反应。

2000 年,本田汽车公司出品的人形机器人"阿西莫"(ASIMO)走上了舞台,它身高 1.3m,能够以接近人类的姿态走路和奔跑。

2002 年,iRobot 公司发布了 Roomba 真空保洁机器人。从商业角度来看,它是史上最成功的家用机器人。

2004 年,美国宇航局(NASA)的"勇气号"探测器登陆火星,开始了探索这颗星球的任务。

2012 年,首台人形机器人宇航员被送入国际空间站,这位机器人宇航员被命名为"R2"。

2015 年,大阪大学和京都大学等的研究团队开发出可使用人工智能流畅对话的美女机器人"ERICA"。

2018 年,波士顿动力公司(Boston Dynamics)推出了第五版人形机器人"阿特拉斯"(Atlas),它不仅能够实现双腿立定跳远、跳高、后空翻及摔倒后自己爬起等功能,还可以实现在软地面上跑步及左右脚交替三连跳 40 厘米台阶。Atlas 被认为是"世界上最具活力的人形机器人"及"最有可能取代人类的机器人"。

……

我国机器人技术起步较晚,20 世纪 70 年代末,一些院校和企业开始研制专用机械手,80 年代初,开发小型教育机器人。1985 年,哈尔滨工业大学研制出国内第一台弧焊机器人——华宇Ⅰ号。国家"863"计划把机器人技术作为重点发展技术进行支持,建立了"机器人示范工程中心"和多个机器人国家开放实验室。

几种比较有代表性的机器人如图 1-3 所示。

截至目前,机器人的发展主要经历了以下三个阶段。

(1)程序控制机器人(第一代):第一代机器人是程序控制机器人,它完全按照事先装入到机器人存储器中的程序安排的步骤进行工作。

(2)自适应机器人(第二代):第二代机器人的主要标志是自身配备有相应的感觉传感器,如视觉传感器、触觉传感器、听觉传感器等,并用计算机对其进行控制。

(3)智能机器人(第三代):这是指具有类似于人的智能的机器人,即它具有感知环境的能力,配备有视觉、听觉、触觉、嗅觉等感觉器官,能从外部环境中获取有关信息,具有思维能力,能对感知到的信息进行处理,以控制自己的行为,具有作用于环境的行为能力,能通过传动机构使自己的"手""脚"等肢体行动起来,正确、灵巧地执行思维机构下达的命令。

目前研制的机器人大多都只具有部分智能,真正的智能机器人还处于研究之中,但现在已经迅速发展为新兴的高技术产业。未来机器人的发展离不开机器人的深度学习等各种技术的发展。

1.1.3　机器人的分类

世界上已经有了上万种机器人,它们形状、功能各异,按照不同的分类方法及标准,它们可以分成不同的类别。目前,机器人主要有以下分类方式及种类。

1. 按机器人的控制方式分

按照控制方式可把机器人分为非伺服机器人和伺服控制机器人两种。伺服控制机器人又可分为点位伺服控制机器人和连续路径(轨迹)伺服控制机器人两种。

2. 按机器人的驱动方式分

按驱动方式可把机器人分为液压驱动机器人、气动机器人、全电动机器人等。

(a) "旅居者"探测器

(b) Aibo机器狗

(c) PUMA机器人

(d) Atlas机器人

图 1-3 几种比较有代表性的机器人

3. 按机器人的构成机构分

按构成机构可将机器人分为并联关节机器人和串联关节机器人，或直角坐标机器人、圆柱坐标机器人、极坐标机器人、多关节型机器人等。

4. 按机器人的编程方式分

按编程方式可将机器人分为示教编程机器人和语言编程机器人。

5. 按机器人移动性分

(1)固定式机器人：固定在某个底座上，整台机器人（或机械手）不能移动，只能移动各个关节。

(2)移动机器人：整个机器人可沿某个方向或任意方向移动。这种机器人又可分为轮式机器人、履带式机器人和步行机器人，其中后者又有单足、双足、四足、六足和八足行走机器人之分。

6．按机器人的智能程度分

（1）一般机器人：不具有智能，只具有一般的编程能力和操作功能。

（2）智能机器人：具有不同程度的智能，又可分为传感型机器人、交互型机器人和自主型机器人。

7．按机器人的用途分

这是国际上比较通用的分类方式（见图1-4），主要分为以下两类。

（1）工业机器人：指面向工业领域的机器人，如焊接机器人、打磨机器人、搬运机器人、码垛机器人、喷涂机器人、输送机器人等。

（2）特种机器人：指除工业机器人以外的机器人，如服务机器人、水下机器人、娱乐机器人、军用机器人、农业机器人等。

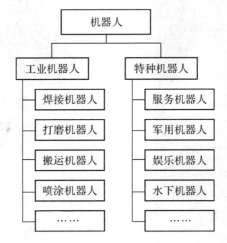

图1-4　机器人按其用途分类

除了上述方式外，还有一些其他的机器人分类方式，如按负载质量分和按自由度分等，而且随着机器人的发展，相信也会不断有新型的机器人出现。本书中主要参考"按机器人的用途分"这一分类方式。而且，本书主要讨论工业机器人及其性能测量及标定技术。

1.2　工业机器人

1.2.1　工业机器人的定义及特点

工业机器人是面向工业领域的多关节机械手或多自由度的机器装置，它能自动执行工作，是靠自身动力和控制能力来实现各种功能的一种机器。它可以接受人类的指挥，也可以按照预先编排的程序运行，现代的工业机器人还可以根据人工智能技术制定的原则、纲领行动。

国际标准化组织(ISO)对工业机器人的定义:工业机器人是一种能自动控制,可重复编程,多功能、多自由度的操作机,能搬运材料、工件或操持工具来完成各种作业。

美国机器人工业协会(RIA)对工业机器人的定义:工业机器人是一种用于移动各种材料、零件、工具或专用装置的,通过程序动作来执行各种任务,并具有编程能力的多功能操作机。

日本机器人协会(JIRA)对工业机器人的定义:工业机器人是一种装备有记忆装置和末端执行装置的、能够完成各种移动来代替人类劳动的通用机器。

我国对工业机器人的定义:工业机器人是一种自动化的机器,所不同的是这种机器具备一些与人或者生物相似的智能,如感知能力、规划能力、动作能力和协同能力,是一种具有高度灵活性的自动化机器。

随着机器人技术的发展及越来越多先进技术与机器人的融合,工业机器人展现出越来越多的形式与功能,因此,工业机器人的定义也会随着其发展而改变。但是,由以上定义不难发现,工业机器人具有以下显著特点:

(1) 可编程性

工业机器人可随其工作环境变化的需要进行再编程,因此它在小批量、多品种、具有均衡高效率的柔性制造过程中能发挥很好的功用,是柔性制造系统中的重要组成部分。

(2) 具有特定的机械结构

工业机器人具有类似于人或其他生物的某些器官(肢体、感受等)的功能。有的工业机器人在机械结构上有类似于人的行走、腰转、大臂、小臂、手腕、手爪等部分,由电脑统一控制。

(3) 通用性

可完成多种工作、任务,可灵活改变动作程序。除了专门设计的专用的工业机器人外,一般工业机器人在执行不同的作业任务时具有较好的通用性。例如,更换工业机器人的手部末端操作器(手爪、工具等)便可执行不同的作业任务。

(4) 机电一体化

工业机器人技术涉及的学科非常广泛,归纳起来主要就是机械学和微电子学的结合——机电一体化技术。第三代智能机器人不但具有获取外部环境信息的各种传感器,而且还具有记忆能力、语言理解能力、图像识别能力、推理判断能力等人工智能,这些都是微电子技术和计算机技术在机器人上的应用。因此,机器人技术的发展必将带动其他技术的发展,机器人技术的发展和应用水平也可以验证一个国家科学技术和工业技术的发展水平。

(5) 独立性

完整的工业机器人系统在工作中可以不依赖人的干预。

1.2.2　工业机器人的发展概况

1. 国际工业机器人发展概况

自 1962 年美国机械与铸造公司(AMF)制造出第一台工业机器人,迄今为止,世界上对于工业机器人的研究、开发及应用已经经历了 50 多年的历程。工业机器人是智能制造业最具代表性的装备。日本、美国、德国和韩国是工业机器人强国。日本号称"机器人王国",在工业机器人的生产、出口和使用方面都居世界榜首。美国是机器人的发源地,尽管美国在机器人发展史上走过一条重视理论研究、忽视应用开发研究的曲折道路,但是美国的机器人技术在国际上仍一直处于领先地位,其技术全面、先进,适应性也很强。德国工业机器人的数量、研究及应用在世界上也处于领先地位。韩国是工业机器人的后起之秀,于 20 世纪 80 年代末开始大力发展工业机器人技术,在政府的资助和引导下,韩国近几年来已跻身机器人强国之列。

世界上著名的工业机器人公司主要有:瑞士的 ABB Robotics,日本发那科(FANUC)、安川电机(Yaskawa),德国 KUKA Roboter,美国 Adept Technology、American Robot、Emerson Industrial Automation、S-T Robotics,意大利 COMAU,英国 Auto Tech Robotics,加拿大 Jcd International Robotics,以色列 Robogroup Tek 公司,等等。尤其以前四位——ABB、发那科、安川电机和 KUKA 最为著名,它们并称工业机器人四大家族,在全球机器人市场中,四大家族一直占据着重要位置,总市场份额一度超过 50%。

国际上,机器人市场快速增长,工业应用独占鳌头。据国际机器人联合会(IFR)统计,自 2009 年以来,全球工业机器人年销量逐年增长。2013 年全球机器人市场总规模达 3427 亿美元。其中,工业机器人市场规模约为 290 亿美元,同比增长 115%,整机销量为 17.9 万台,同比增长 12.6%。2016 年全球工业机器人的销量为 29.4 万台,相对于 2015 年,增长了 16%。国际机器人联合会还预测,未来几年内全球工业机器人年销量将保持近 15% 的增长速率,到 2020 年将超过 50 万台,新增总量达到近 170 万台。

近年来,工业机器人企业开始高度关注电子信息制造、食品加工、化工等传统行业中的机器人应用。发达国家的机器人应用也正从工业领域向国防军事、医疗康复、助老助残、家居服务等领域迅速拓展。服务机器人和特种机器人已经成为国外相关研究机构或公司的研究热点,并取得了重要突破和进展。

2. 国内工业机器人的发展

我国对机器人的相关研究比国外晚了近 30 年,我国自 20 世纪 70 年代后期开始研究机器人技术,80 年代末开展相应型号研制,90 年代末开始初步应用。

据国际机器人联合会(IFR)统计,2004—2013 年的十年间,我国工业机器人市场销量的年均复合增长率高达 298%,2013 年,市场销量达 36560 台,同比增长 304%,首次超过日本成为全球最大工业机器人市场。2012—2017 年,我国工业机器人销量稳步增加。2012 年,国内工业机器人销量仅 2.3 万台;至 2017 年,中国工业机器人销量达到 13.8 万台,增长了近 5 倍。2017 年,我国工业机器人的规模仍保持高速增长,工业机器人市场规模约为 42.2 亿美元,同比增长 24%。2018 年上半年,我国工业机器人市场规模达到 52.2 亿美元。

目前,我国已在工业机器人的多个领域取得重要进展。新松机器人在自动导引车(AGV)等方面取得重要市场突破。博实股份重点在石化等行业的自动包装与码垛机器人方面进行产品开发与产业化推广应用。广州数控研发了自主知识产权的工业机器人产品,用于机床上下料等。奇瑞装备与哈工大合作研制的 165kg 点焊机器人已在自动化生产线上开始应用。此外,安徽埃夫特、南京埃斯顿、安徽巨一自动化、常州铭赛、青岛科捷自动化、苏州博实、北京博创等企业在整机、系统集成应用与核心零部件方面也进行了研发和产业化推广。

近年来,我国机器人技术发展迅速,已经取得了巨大进步,但在基础研究、产品研发和制造水平方面仍有较大提升空间。总体来说,与国外相比,我国工业机器人技术差距较大,服务机器人差距较小,特种机器人水平接近,在水下机器人、太空机器人、军用无人机等领域具有一定优势。

工业机器人核心零部件包括高精度减速器、高性能交流伺服电机和驱动器、高性能控制器等,这些核心零部件对整个工业机器人的性能指标起着关键作用。

目前,我国工业机器人在诸多方面仍停留在仿制层面,核心零部件长期依赖进口。国内零部件在产品寿命、可靠性等方面与国外差距较大,这严重制约了我国工业机器人产业的发展及国际竞争力的形成。

1.2.3 工业机器人的组成及核心零部件

工业机器人由执行机构、驱动系统、控制系统和传感系统四部分组成。

1. 执行机构

执行机构也叫操作机,由一系列连杆和关节或其他形式的运动副所组成,可实现各个方向的运动,它包括基座、腰、臂、腕和手等部分,如图 1-5 所示。

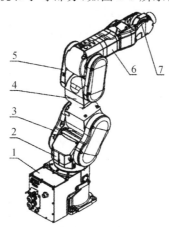

1. 基座;2、4. 腰;3、5. 臂;6. 腕;7. 手

图 1-5 工业机器人执行机构

（1）基座

基座是机器人的基础部分,整个执行机构和驱动系统都安装在基座上,有时为了使机器人能够完成较远距离的操作,可以增加行走机构,行走机构多用滚轮式或履带式,行走方式分为有轨和无轨两种。近年来发展起来的步行机器人,其行走机构多为连杆机构。

（2）腰

腰是臂的支撑部分，根据执行机构坐标系的不同，腰可以是在基座上转动的，也可以和基座做成一体。有时腰也可以通过导杆或导槽在基座上移动，从而增大工作空间。腰的转动大多采用回转油缸来实现，而它的移动则多数采用直线油缸来实现。

（3）臂

臂是执行机构中的主要运动部件，用来支撑腕和手，并使它们在工作空间内运动。为了使手能到达工作空间内的任意位置，臂至少应具有 3 个自由度，少数专用的工业机器人的臂自由度可以少于 3 个。

臂的运动可归结为直线运动和回转运动两种形式。直线运动多数通过油缸（气缸）驱动来实现，也可以通过齿轮、齿条、滚珠丝杠、直线电动机等来实现。回转运动的实现手段很多，如蜗杆涡轮式，油缸活塞杆上的齿条驱动齿轮的方式，油缸通过链条驱动链轮转动；利用油缸活塞杆直接驱动臂回转的方式；由步进电动机通过齿轮传动使臂回转；由直流电动机通过谐波传动装置减速，驱动臂回转等。

（4）腕

腕是连接臂与手的部件，用于调整手的方向和姿态。一般腕具有 2 个转动自由度，但对于复杂的作业，有时需要 3 个转动自由度。

（5）手

手一般是指夹持装置，它主要用来按照操作顺序和位置传送工件。根据工作原理的不同，夹持装置可分为机械夹紧式、真空抽吸式、气压（液压）张紧式和磁力式四种。

机械夹紧式夹持器可分为回转式和移动式两类。回转式夹持器一般可看成是一对以滑块为主动件的平面四杆机构。移动式夹持器由于其工作原理简单，能避免回转式夹持器带来的定位误差，故也常为实际生产所采用，但它的缺点是尺寸较大，增加了质量，不适于在较小的操作空间中使用。

真空抽吸式夹持器也叫气压式夹持器，它通过吸盘对工件进行操作，适于搬运玻璃制品、薄片性零件、纸袋等。其吸盘用橡胶或塑料制成，产生真空的方式有真空泵抽吸和气流负压抽吸两种，后者是利用气流在高速流动时产生的负压来使吸盘工作的。

气压（液压）张紧式夹持器一般使用气体作为冲压介质，其有一个可以充放气的气垫，外围有金属框架，气垫充气时，可以使工件夹紧。这种夹持器的机构简单，夹持平稳，价格便宜，在夹持圆形易碎工件时较为理想。

磁力式夹持器与一般电磁吸盘的原理相同，可分为永磁式和电磁式两种。永磁式能在易爆易燃的环境中安全工作，但吸盘上需附设顶杆以卸下工件，增加了结构的复杂性，同时还容易吸附一些铁屑和杂物。电磁式吸盘上不需要附设卸下工件的装置。

2. 驱动系统

驱动系统主要指驱动执行机构的传动装置，根据动力源的不同，可分为液压驱动方式、气压驱动方式、电气驱动方式和新型驱动方式等。

（1）液压驱动方式

液压传动的机器人具有比较大的抓举能力，可高达上千牛顿，因为液压的压强比较高，一般油压选用 0.7kgf/mm² 左右（1kgf＝9.80665N）。液压系统介质的可压缩性小，液压传动式机器人结构紧凑、传动平稳、动作灵敏，可以得到较高的位置精度。另外，液压系统采用油液作介质，具有防锈性和自动润滑性能，可以提高使用寿命。但其对密封性要求较高，制造精度要求较高，并且油液的黏度会随温度变化而变化，不宜在高温或低温的环境中工作。另外，液压传动的机器人还需要一整套液压元件，如油箱、油滤、散热器、减压阀等。

（2）气压驱动方式

气压传动的机器人以压缩空气来驱动执行机构，其优点是空气来源方便，压缩空气黏度小，容易达到高速，气动元件工作压力低，结构简单、成本低。缺点是空气具有可压缩性，导致工作速度的稳定性较差，气源压力一般只有 0.06kgf/mm² 左右，因此机器人的抓举力较小，一般都在 20kgf 以下。

（3）电气驱动方式

电气驱动是利用各种电动机产生的力或力矩，直接或经过减速机构去驱动机器人关节。电气驱动大致可分为普通电机驱动、步进电机驱动和直线电机驱动三类。

①普通电机包括交流伺服电机和直流伺服电机。交流电机一般不能进行调速或难以进行无级调速，即使是多速电机，也只能进行有限的有级调速。直流电机能够实现无级调速，但直流电源价格较高，因而限制了它在大功率机器人上的应用。

②步进电机驱动的速度和位移大小可由电气控制系统发出的脉冲数加以控制。由于步进电机的位移量与脉冲数严格成正比，故步进电机驱动可以达到较高的重复定位精度，但是，步进电机速度不能太高，控制系统也比较复杂。

③直线电机结构简单、成本低，其动作速度与行程主要取决于其定子与转子的长度，反接制动时，定位精度较低，必须增设缓冲及定位机构。

目前越来越多的机器人采用电气驱动方式，不仅因为电动机品种较多，为机器人设计提供了多种选择，也因为它们可以运用多种灵活的控制方式。相对于液压驱动和气压驱动而言，电气驱动的结构也比较紧凑简单。

（4）新型驱动方式

随着机器人技术的发展，出现了很多利用新工作原理制造的新型驱动器，如磁致伸缩驱动器、压电驱动器、静电驱动器、形状记忆合金驱动器、超声驱动器、人工肌肉、光驱动器等。

各种驱动方式各有优缺点，在选择机器人驱动器时，除了要充分考虑机器人的工作要求，如工作速度、最大搬运物重、驱动功率、驱动平稳性、精度要求外，还应考虑是否能够在较大的惯性负载条件下，提供足够的加速度以满足作业要求。

3. 控制系统

控制系统是机器人的重要组成部分，它的作用是控制执行机构按照所需的顺序，沿规定的位置或轨迹运动。从控制系统的构成看，可分为开环控制系统和闭环控制系统；从控制的方式看：可分为程序控制系统、适应性控制系统和智能控制系统。以下按照轨迹控制方式介绍工业机器人的点位控制和连续轨迹控制。

（1）点位控制

按点位方式进行控制的机器人，其运动为空间中点到点之间的直线运动，在作业过程中只控制几个特定工作点的位置，不对点与点之间的运动过程进行控制。对于闭环控制机器人来说，只需要给其示教初始点和终止点，至于连接两点的轨迹无关紧要，因而用户不用编程。较先进的点位控制机器人可做直线或分段运动。其他一些点位控制机器人还可以使各关节的速度是时间的连续函数，或由用户加以变更，也就是说，机器人执行预定任务的速度可由用户选择。如果要机器人进行不需要变动的工作，那么最初学习的那些点就可存入永久或只读存储器中。对于点位控制的机器人来说，所能控制的点数的多少取决于控制系统的复杂程度。目前，相当一部分工业机器人是点位控制的。

（2）连续轨迹控制

按连续轨迹方式控制的机器人，其运动轨迹可以是空间的任意连续曲线。机器人在空间的整个运动过程都处于控制之中，它能同时控制 2 个以上的运动轴，使得手部位置沿任意形状的空间曲线运动，而手部的姿态也可以通过腕关节的运动得以控制，这对于焊接和喷涂作业是十分理想的。

在程序执行前，虽然仍然需要对一些点进行示教，但示教的方法一般与点位控制机器人所用的方法不同。连续轨迹机器人以示教模式工作时，机器人启用一项自动采样子系统，在大约 2 min 内能记录下各点的位置和速度。操作人员只需简单地按照预定轨迹移动工具，同时让采样器工作即可。通常，采样器的采样速率很高，足以使所记录各点读出重放时的运动效果较为平滑。为了便于精确记录重复轨迹，在示教期间，工具可以低速地通过预定轨迹，但重放时的速率则与记录速率不同，其可以既快速又准确地再现所记录的运动轨迹。

4. 传感系统

传感系统是工业机器人中比较重要的系统，传感器将有关机械手的信息传递给机器人的控制器。信息传递可以连续进行，或者在预定动作结束时进行。在有些机器人中，传感器提供各连杆瞬时速度、位置和计算度信息。这些信息反馈到控制单元，产生控制信号。工业机器人所用的传感器可分为视觉传感器和非视觉传感器两大类。视觉传感器是整个机器视觉系统信息的直接来源，主要由一个或者两个图形传感器组成，有时还要配以光投射器及其他辅助设备。视觉传感器的主要功能是获取足够的机器视觉系统要处理的最原始图像。视觉传感器包括光导摄像管、电荷耦合器件（CCD）或电荷注入器件（CID）、TV 摄像机等；非视觉传感器包括限位开关、测距传感器、力和压力传感器、触觉传感器和速度传感器等。

5. 核心零部件

工业机器人本体主要包含减速器、伺服电机、控制器三大关键零部件，这三大零部件直接决定了工业机器人的性能。减速器、伺服电机和控制器成本分别占机器人成本的 30%～50%、20%～30% 和 10%～20%，它们共同决定了产品的性能、质量以及价格。据预测，三大关键零部件的市场规模将占 2020 年工业机器人本体总市场规模的 82%。

（1）减速器

在生产过程中，工业机器人通常执行重复的动作，以完成相同的工序。为保证工业机器人在生产中能够可靠地完成工序任务，并确保工艺质量，对工业机器人的定位精度和重复定位精度要求很高。因此，为了提高和确保工业机器人的精度，就需要采用减速器。一般机器人关节减速器要求具有传动链短、体积小、功率大、质量轻和易于控制等特点。减速器是工业机器人最重要的零部件，工业机器人运动的核心部件"关节"就是由它构成，每个关节都要用到不同的减速器产品。

作为技术壁垒最高的工业机器人关键零部件，减速器按结构不同可以分为五类：谐波减速器；摆线针轮行星减速器；RV 减速器；精密行星减速器；滤波齿轮减速器。其中，RV 减速器和谐波减速器是工业机器人最主流的精密减速器。

RV 减速器较谐波减速器具有更高的疲劳度、刚度和寿命，而且回差精度稳定，而谐波减速器随着使用时间的增长运动精度就会显著降低。因此，高精度机器人传动多采用 RV 减速器。RV 减速器在先进机器人的传动中已经有逐渐取代谐波减速器的趋势。

目前，世界上 75% 的精密减速器市场被日本的哈默纳科和纳博特斯克占领，其中纳博特斯克生产 RV 减速器，约占 60% 的份额，哈默纳科生产谐波减速器，约占 15% 的份额。

RV 减速器和谐波减速器如图 1-6 所示。

(a) RV减速器　　　　　　　　(b) 谐波减速器

图 1-6　典型工业机器人减速器

（2）伺服电机

伺服电机又称执行电机，在自动控制系统中，用作执行元件，把收到的电信号转换成电机轴上的角位移或角速度输出。它是一种补助马达间接变速装置，可使控制速度、位置精度非常准确，相当于工业机器人的"神经系统"。伺服电机通常分为直流和交流伺服电机两大类，交流伺服电机又分为异步伺服电机和同步伺服电机。

直流伺服电机分为有刷电机和无刷电机：有刷电机成本低，结构简单，启动转矩大，调速范围宽，控制容易，需要维护，但维护方便（换碳刷），会产生电磁干扰，对使用环境有要求，通常用于对成本敏感的普通工业和民用场合；无刷电机体积小、重量轻，出力大、响应快、速度高、惯量小、力矩稳定、转动平滑，控制复杂，智能化，电子换相方式灵活，可以方波或正弦波换相，电机免维护，高效节能，电磁辐射小，温升低，寿命长，适用于各种环境。

直流伺服电机的优点：速度控制精确，转矩速度特性很硬，控制原理简单，使用方便，价格便宜。直流伺服电机的缺点：电刷换向，速度受限制，有附加阻力，会产生磨损微粒（不宜在无尘、易爆环境中使用)。

交流伺服电机的优点:速度控制特性良好,在整个速度区内可实现平滑控制,几乎无振荡,具有90%以上的高效率,发热少,高速控制,高精确度位置控制(取决于编码器精度),额定运行区域内可实现恒力矩,惯量低,低噪音,无电刷磨损,免维护(适用于无尘、易爆环境)。交流伺服电机的缺点:控制较复杂,驱动器参数需要现场调整PID参数确定,需要更多的连线。

无论是伺服还是调速领域,目前交流系统正在逐渐代替直流系统。与直流系统相比,交流伺服电机具有高可靠性、散热好、转动惯量小、能工作于高压状态下等优点。因为无电刷和转向器,故交流伺服系统也称为无刷伺服系统,用于其中的电机是无刷结构的笼型异步电机和永磁同步型电机。

目前,机器人的关节驱动离不开伺服系统,关节越多,机器人的柔性和精准度越高,所要使用的伺服电机的数量就越多。机器人对伺服系统的要求较高,必须满足响应快速、启动转矩高、动转矩惯量比大、调速范围宽,能适应机器人的形体,做到体积小、重量轻、加减速运行等条件,且需要高可靠性和稳定性。

在伺服系统领域外资企业占据绝对优势。目前,在中国工业机器人市场,主流的供应商包括日本的松下、安川、三菱,以及欧洲和美国的伦茨和博世力士乐。日系品牌凭借良好的产品性能与极具竞争力的价格垄断了中小型设备制造业OEM(定牌生产)市场。近几年,伺服系统市场排名前15的厂商中,前三名均为日系品牌,总份额达到45%。西门子、博世、施耐德等欧系品牌占据高端市场,整体市场份额在30%左右。国内企业品牌整体份额低于10%。

几种典型的伺服电机如图1-7所示。

(3)控制器

工业机器人控制器是机器人控制系统的核心大脑,更是决定机器人功能和性能的主要因素,其主要任务是控制工业机器人在工作空间中的运动位置、姿态和轨迹、操作顺序及动作的时间等。控制器主要包括硬件和软件两部分:硬件部分是工业控制板卡,包括主控单元和部分信号处理电路;软件部分主要是控制算法、二次扩展开发等。

从机器人控制算法的处理方式来看,控制器可分为串行、并行两种结构类型。

串行处理结构:指机器人的控制算法是由串行机来处理,对于这种类型的控制器,从计算机结构、控制方式来划分,又可分为以下几种。

①单CPU结构、集中控制方式。用一台功能较强的计算机实现对机器人的全部控制功能,在早期的机器人中,如Hero-I、Robot-I等,就采用这种结构,但控制过程中需要许多计算(如坐标变换),因此这种控制结构速度较慢。

②二级CPU结构、主从式控制方式。以一级CPU为主机,担当系统管理、机器人语言编译和人机接口功能,同时也利用它的运算能力完成坐标变换、轨迹插补,并定时地把运算结果作为关节运动的增量送到公用内存,供二级CPU读取;二级CPU完成全部关节位置数字控制。这类系统的两个CPU总线之间基本没有联系,仅通过公用内存交换数据,是一个松耦合的关系,若想采用更多的CPU进一步分散功能则很困难。日本于20世纪70年代生产的Motoman机器人(5关节,直流电机驱动)的计算机系统就属于这种主从式结构。

(a) 西门子 1FT7

(b) 安川Σ-V系列

(c) 科尔摩根AKM系列

(d) 博世力士乐MSK

图 1-7 典型的工业机器人伺服电机

③多 CPU 结构、分布式控制方式。目前,机器人控制系统普遍采用上、下位机二级分布式结构,上位机负责整个系统管理以及运动学计算、轨迹规划等;下位机由多个 CPU 组成,每个 CPU 控制一个关节运动,这些 CPU 和主控机联系是通过总线形式的紧耦合。这种结构的控制器工作速度和控制性能明显提高。但这种多 CPU 系统共有的特征都是针对具体问题而采用的功能分布式结构,即每个处理器承担固定任务。目前世界上大多数商品化机器人控制器都是这种结构。

串行处理结构的控制器存在一个共同的弱点:计算负担重、实时性差。所以大多采用离线规划和前馈补偿解耦等方法来减轻实时控制中的计算负担,当机器人在运行中受到干扰时其性能将受到影响,更难以保证在高速运动中所要求的精度指标。

并行处理结构:并行处理技术是提高计算速度的一个重要而有效的手段,能满足机器人控制的实时性要求,从文献来看,关于机器人控制器并行处理技术,人们研究较多的是机器人运动学和动力学的并行算法及其实现。1982 年 J. Y. S. Luh 首次提出机器人动力学并行处理问题,这是因为关节型机器人的动力学方程是一组非线性强耦合的二阶微分方程,计算十分复杂,提高机器人动力学算法计算速度也为实现复杂的控制算法如计算力矩法、非线性前馈法、自适应控制法等打下基础。开发并行算法的途径之一就是改造串行算法,使之并行化,然后将算法映射到并行结构。其一般有两种方式,一是考虑给定的并行处理器结构,根据处理器结构所支持的计算模型,开发算法的并行性;二是首先开发算法的并行性,然后设计支持该算法的并行处理器结构,以达到最佳并行效率。

控制器是我国工业机器人产品中与国外产品差距最小的关键零部件。随着技术和应用经验的积累,国产机器人控制器产品已经较为成熟,国内大部分知名机器人本体制造公司均已实现控制器的自主生产,所采用的硬件平台和国外产品相比并没有太大差距,差距主要体现在控制算法和二次开发平台的易用性方面。在国内控制器市场中,发那科、安川、ABB 占据近 40％的份额,爱普生、OTC、史陶比尔等二线企业占据约 44％的市场份额。

图 1-8 所示为一种典型的机器人控制器及其本体。

图 1-8　机器人控制器及其本体

1.2.4　工业机器人的分类

与"机器人"类似,"工业机器人"也有很多种不同的分类方法及标准,如:

按执行机构运动的控制机能不同,工业机器人可分为点位型和连续轨迹型。点位型只控制执行机构由一点到另一点的准确定位,适用于机床上下料、点焊和一般搬运、装卸等作业;连续轨迹型可控制执行机构按给定轨迹运动,适用于连续焊接和涂装等作业。

按程序输入方式的不同,可分为编程输入型和示教输入型两类。编程输入型是将计算机上已编好的作业程序文件,通过 RS232 串口或者以太网等通信方式传送到机器人控制柜;示教输入型是将操作者的指令信号传给驱动系统,使执行机构按要求的动作顺序和运动轨迹操演一遍。

按机械结构的不同,可分为串联机器人和并联机器人两类。串联机器人:一个轴的运动会改变另一个轴的坐标原点,比如六关节机器人。并联机器人:一个轴的运动不影响另一个轴的坐标原点,比如蜘蛛机器人。

按操作机本身的轴数(自由度数)不同,可分为 4 轴(自由度)、5 轴(自由度)、6 轴(自由度)、7 轴(自由度)等机器人。

按机器人用途的不同,可分为焊接机器人、码垛机器人、搬运机器人、喷涂机器人等,不同用途的机器人会在下一节中详细说明。

按臂部的运动形式不同,可分为:直角坐标型机器人,臂部可沿 3 个直角坐标移动;关节型机器人,臂部有多个转动关节;SCARA(Selective Compliance Assembly Robot Arm)机器人,旋转关节的轴线平行,可以在一个平面内运动并定向;球坐标型机器人,臂部能做回转、俯仰和伸缩动作;圆柱坐标型机器人,臂部可做升降、回转和伸缩动作。下面主要介绍下这 5 种机器人。

1. 直角坐标型机器人

直角坐标型机器人的手臂构形最简单,如图 1-9 所示,机器人三个关节都是移动关节,且关节轴线相互垂直,相当于笛卡儿坐标的 X、Y 和 Z 方向。

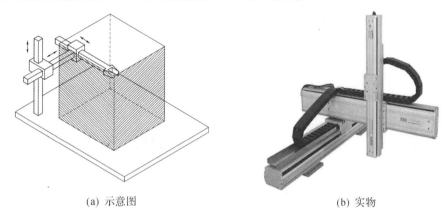

(a) 示意图   (b) 实物

图 1-9　直角坐标型机器人

这种构形的主要特点是:

① 结构刚度高,多做成大型龙门式的机器;

② 3 个关节的运动是相互独立的,没有耦合,不影响手爪的姿态,运动简单,不产生奇异状态;

③ 使用这种构形时,它的进料装置和夹具等必须装在机器人中间,因此对这些装置有一定的限制;

④ 占地面积大,动作范围小;

⑤ 它的控制方案和数控机床类似;

⑥ 操作灵活性较差。

2. 关节型机器人

图 1-10 所示为关节型机器人,从图中可以看出,它由一定数量的肩关节、肘关节及腕关节组成。其中,肩关节能绕铅直轴旋转或在垂直平面内实现俯仰,肩关节轴正交,肘关节轴平行于实现俯仰运动的肩关节轴。

这种构形的主要特点是:

① 动作灵活;

② 在作业空间内手臂的干涉最小,工作空间大;

③ 关节上的相对运动部位容易密封防尘;

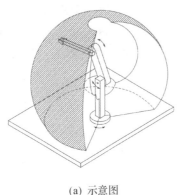

(a) 示意图 (b) 实物

图 1-10 关节型机器人

④ 结构紧凑,占地面积小;

⑤ 进行控制时,计算量比较大,确定末端件的位姿不直观。

3. SCARA 机器人

图 1-11 所示为 SCARA 机器人,它有多个与轴线平行的旋转关节,可以在一个平面内运动并定向。末端关节是移动关节,完成末端件在垂直平面内的运动。它以旋转关节的角位移和移动关节的位移为工作坐标系的坐标。这种机器人的特点是:结构轻便,响应快,运动速度可达 10m/s,比一般机器人大约快 10 倍。它最适用于在垂直方向完成零件的装配工作。

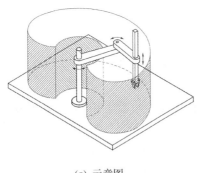
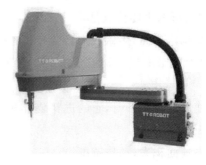

(a) 示意图 (b) 实物

图 1-11 SCARA 机器人

4. 球坐标型机器人

球坐标型机器人如图 1-12 所示,它与关节型机器人很相似,只是用移动关节代替了肘关节,且移动关节可以伸缩。这种机器人的运动所形成的最大的轨迹表面是半径 R_m 的半球面。规定以 φ、θ 和 r 作为坐标系,点的坐标 $P = f(\theta, \varphi, r)$。

5. 圆柱坐标型机器人

圆柱坐标型机器人如图 1-13 所示。这种结构形式是以 θ、z 和 r 作为坐标系,空间一点的位置 $P = f(\theta, z, r)$。其中,r 是手臂的径向长度;θ 是手臂绕垂直轴的角位移,z 是在垂

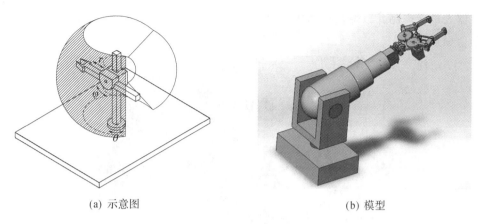

(a) 示意图   (b) 模型

图 1-12   球坐标型机器人

直方向上手臂的位置。如果 r 不变，手臂的运动将形成一个圆柱表面。它在空间上的定位比较直观。手臂收回后，其后端可能碰到工作范围内的其他物体，移动副不易防护。

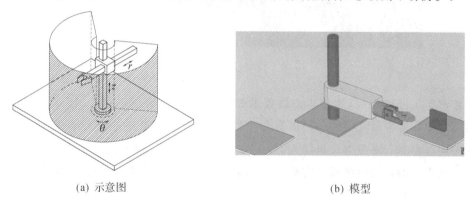

(a) 示意图   (b) 模型

图 1-13   圆柱坐标型机器人

1.2.5   工业机器人的应用

工业机器人最早主要应用于汽车制造领域，但技术发展至今，工业机器人的应用早已不局限于某个领域，现代工业的方方面面都有工业机器人的身影。工业机器人的典型应用包括焊接、刷漆、组装、采集和放置（如包装、码垛和表面组装技术（Surface Mounting Technology，SMT））、产品检测和测试等，所有工作的完成都具有高效性、持久性、快速性和准确性。下面列举一些工业机器人的具体应用。

1. 焊接机器人

焊接机器人（如图 1-14 所示）具有性能稳定、工作空间大、运动速度快和负荷能力强等特点，焊接质量明显优于人工焊接，大大提高了点焊作业的生产率。

焊接机器人主要用于汽车整车的焊接工作，生产过程由各大汽车主机厂负责完成。国际工业机器人企业凭借与各大汽车企业的长期合作关系，向各大型汽车生产企业提供各类焊接机器人单元产品并以焊接机器人与整车生产线配套形式进入中国,在该领域占据我国市场的主导地位。

图 1-14　焊接机器人

随着汽车工业的发展,焊接生产线要求焊钳一体化,重量越来越大,165kg 级点焊机器人是当前汽车焊接中最常用的一种机器人。2008 年 9 月,哈尔滨工业大学机器人研究所研制完成国内首台 165kg 级焊接机器人,并成功应用于奇瑞汽车焊接车间。2009 年 9 月,经过优化和性能提升的第二台机器人完成并顺利通过验收,该机器人整体技术指标已经达到国外同类机器人的水平。

2.码垛机器人

码垛机器人(如图 1-15 所示)是从事码垛作业的工业机器人,它将已装入容器的物体,按一定排列码放在托盘、栈板(木质、塑胶)上,进行自动堆码,可堆码多层,然后推出,便于叉车运至仓库储存。码垛机器人可以集成在任何生产线中,使生产现场智能化、机器人化、网络化,可以实现啤酒、饮料和食品行业多种多样作业的码垛物流。码垛机器人配套于三合一灌装线等,可对各类瓶罐箱包进行码垛。码垛机自动运行分为自动进箱、转箱、分排、成堆、移堆、提堆、进托、下堆、出垛等步骤。

在采用码垛机器人的时候,还要考虑一个重要的事情,就是机器人怎样抓住一个产品。真空抓手是最常见的机械臂臂端工具(EOAT)。相对来说,它们价格便宜,易于操作,而且能够有效装载大部分负载物。但是在一些特定的应用中,真空抓手也会遇到问题,例如表面多孔的基质,内容物为液体的软包装,或者表面不平整的包装,等等。

其他的 EOAT 选择包括:翻盖式抓手,它能将一个袋子或者其他包装形式的两边夹住;叉子式抓手,它插入包装的底部来将包装提升起来;还有袋子式抓手,这是翻盖式和叉子式抓手的混合体,它的叉子部分能包裹住包装的底部和两边。

图 1-15　码垛机器人

另外,将基本 EOAT 类型进行其他形式的组合也是可以的。

3. 搬运机器人

搬运机器人(如图 1-16 所示)是可以进行自动化搬运作业的工业机器人。最早的搬运机器人出现在 1960 年的美国,Versatran 和 Unimate 两种机器人首次用于搬运作业。搬运作业是指用一种设备握持工件,从一个加工位置移到另一个加工位置。搬运机器人可安装不同的末端执行器以完成各种不同形状和状态的工件搬运工作,大大减轻了人类繁重的体力劳动。目前世界上使用的搬运机器人逾 10 万台,被广泛应用于机床上下料、冲压机自动化生产线、自动装配流水线、码垛搬运、集装箱等的自动搬运。部分发达国家已制定出人工搬运的最大限度,超过限度的工作量必须由搬运机器人来完成。

搬运机器人是近代自动控制领域出现的一项高新技术,涉及力学,机械学,电器液压、气压技术,自动控制技术,传感器技术,单片机技术和计算机技术等学科领域,已成为现代机械制造生产体系中的一项重要组成部分。它的优点是可以通过编程完成各种预期的任务,在自身结构和性能上有了人和机器的各自优势,尤其体现出了人工智能和适应性。

4. 喷涂机器人

喷涂机器人(如图 1-17 所示)又叫喷漆机器人,是可进行自动喷漆或喷涂其他涂料的工业机器人,1969 年由挪威 Trallfa 公司(后并入 ABB 集团)首先发明。喷漆机器人主要由机器人本体、计算机和相应的控制系统组成,液压驱动的喷漆机器人还包括液压油源,如油泵、油箱和电机等。

喷涂机器人多采用 5 或 6 自由度关节式结构,手臂有较大的运动空间,并可做复杂的轨迹运动,其腕部一般有 2～3 个自由度,可灵活运动。较先进的喷涂机器人腕部采用柔性手腕,既可向各个方向弯曲,又可转动,其动作类似人的手腕,能方便地通过较小的孔伸入工件

图 1-16　搬运机器人

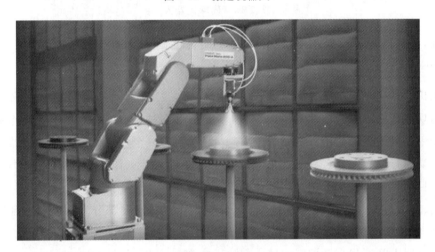

图 1-17　喷涂机器人

内部,喷涂其内表面。

喷涂机器人一般采用液压驱动,具有动作速度快、防爆性能好等特点,可通过手把手示教或点位示数来实现示教。喷涂机器人广泛用于汽车、仪表、电器、搪瓷等工艺生产部门。

5. 装配机器人

装配机器人(如图 1-18 所示)是为完成装配作业而设计的工业机器人。

装配机器人是柔性自动化装配系统的核心设备,由机器人操作机、控制器、末端执行器和传感系统组成。其中操作机的结构类型有水平关节型、直角坐标型、多关节型和圆柱坐标型等;控制器一般采用多 CPU 或多级计算机系统,实现运动控制和运动编程;末端执行器为适应不同的装配对象而设计成各种手爪和手腕等;传感系统用来获取装配机器人与环境和装配对象之间相互作用的信息。

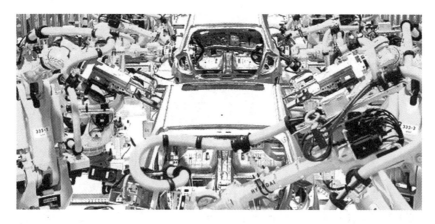

图 1-18　装配机器人

常用的装配机器人主要有可编程通用装配操作手（Programmable Universal Manipulator for Assembly）即 PUMA 机器人（最早出现于 1978 年，工业机器人的祖始）和平面双关节型机器人即 SCARA 机器人两种类型。

与一般工业机器人相比，装配机器人具有精度高、柔顺性好、工作范围小、能与其他系统配套使用等特点，它主要用于各种电器的制造行业。

装配机器人的大量作业是轴与孔的装配，为了在轴与孔存在误差的情况下进行装配，应使机器人具有柔顺性。主动柔顺性是根据传感器反馈的信息调整机器人手部动作，而从动柔顺性则利用不带动力的机构来控制手爪的运动以补偿其位置误差。例如美国 Draper 实验室研制的远心柔顺装置（Remote Center Compliance Device），一部分允许轴做侧向移动而不转动，另一部分允许轴绕远心（通常位于离手爪最远的轴端）转动而不移动，分别补偿侧向误差和角度误差，实现轴孔装配。

装配机器人主要用于各种电器（包括家用电器，如电视机、录音机、洗衣机、电冰箱、吸尘器）制造、小型电机、汽车及其部件、计算机、玩具、机电产品及其组件的装配等方面。

6. 激光加工机器人

激光加工机器人（如图 1-19 所示）是将机器人技术应用于激光加工中，通过高精度工业机器人实现更加柔性的激光加工作业。该类机器人通过示教盒进行在线操作，也可通过离线方式进行编程。该类机器人通过对加工工件的自动检测，产生加工件的模型，继而生成加工曲线，也可以利用 CAD 数据直接加工，可用于工件的激光表面处理、打孔、焊接和模具修复等。

其关键技术包括：

① 激光加工机器人结构优化设计技术：采用大范围框架式本体结构，在增大作业范围的同时，保证机器人精度。

② 机器人系统的误差补偿技术：针对一体化加工机器人工作空间大、精度高等要求，并结合其结构特点，采取非模型方法与基于模型方法相结合的混合机器人补偿方法，完成对几何参数误差和非几何参数误差的补偿。

图 1-19　激光加工机器人

③ 高精度机器人检测技术：将高精度测量技术和机器人技术相结合，实现机器人高精度测量。

④ 激光加工机器人专用语言实现技术：根据激光加工及机器人作业特点，完成激光加工机器人专用语言。

⑤ 网络通信和离线编程技术：具有串口、CAN 等网络通信功能，实现对机器人生产线的监控和管理；并实现上位机对机器人的离线编程控制。

7. 移动机器人

移动机器人（AGV）（如图 1-20 所示）是工业机器人的一种类型，它由计算机控制，具有移动、自动导航、多传感器控制、网络交互等功能，可广泛应用于机械、电子、纺织、卷烟、医疗、食品、造纸等行业的柔性搬运、传输等功能，也用于自动化立体仓库、柔性加工系统、柔性装配系统（以 AGV 作为活动装配平台）；同时可在车站、机场、邮局的物品分拣中用作运输工具。

大力发展高端装备应用是国际物流技术发展的新趋势之一，而移动机器人是其中的核心技术和设备，是用现代物流技术配合、支撑、改造、提升传统生产线，实现点对点自动存取的高架箱储、作业和搬运相结合，实现精细化、柔性化、信息化，缩短物流流程，降低物料损

图 1-20 移动机器人

耗,减少占地面积,降低建设投资等的高新技术和装备。

【参考文献】

1. 王东署,朱训林. 工业机器人技术与应用[M]. 北京:中国电力出版社,2016.

2. 尼库拉·尼库. 机器人学导论:分析、控制及应用[M]. 2 版.孙富春,等译. 北京:电子工业出版社,2013.

3. 张涛. 机器人引论[M]. 北京:机械工业出版社,2010.

4. 刘军,郑喜贵. 工业机器人技术及应用[M]. 北京:电子工业出版社,2017.

5. 中国电子信息产业发展研究院. 工业机器人测试与评价技术[M]. 北京:人民邮电出版社,2017.

6. 北京生产力促进中心.智能机器人产业发展报告[M].北京:科学出版社,2014.

7. 前瞻产业研究院. 2019—2024 年中国工业机器人行业产销需求预测与转型升级分析报告[EB/OL]. (2018-05-05)[2019-02-15]. https://bbs. pinggu. org/thread-6809538-1-1. html.

8. 王喜文. 世界机器人未来大格局[M]. 北京:电子工业出版社,2016.

9. 李芃达. 展望机器人行业的前景与趋势[EB/OL]. (2018-08-17)[2019-02-15]. http://www. worldrobotconference. complusview. php? aid=557.

10. 机器人七大未来发展趋势[上海][EB/OL]. (2017-08-17)[2019-02-16]. https://kaoshi. china. com/sejqr_px_29073-1. htm.

11. 新浪科技. 欧盟地平线 2020 计划对机器人产业有什么样的影响[EB/OL]. (2018-08-16)[2019-02-16]. https://tech. sina. com. cn/d/i/2018-08-16/doc-ihhvciiw0330880. shtml.

12. 行业资讯. 第一部机器人百年编年史［EB/OL］. （2015-08-11）［2019-02-20］. http://www.robot-china.comnews201508/11/24073.html.

13. 铁马老言. 盘点八大种类工业机器人附代表公司［EB/OL］. （2014-10-14）［2019-02-25］. https://robot.ofweek.com/2014-10/ART-8321202-8500-28890097_2.html.

第 2 章　工业机器人标准及性能指标

2.1　国内外机器人标准概述

机器人的标准化研究工作开始于 20 世纪 80 年代。当前,制定机器人标准的国际组织主要有"国际标准组织"(International Organization for Standardization,ISO)和"国际电工委员会"(The International Electrotechnical Commission,IEC)。另外,"美国电气和电子工程师协会"(Institute of Electrical and Electronics Engineers,IEEE)、"国际机器人联合会"(International Federation of Robotics,IFR)、"美国材料与试验协会"(American Society for Testing and Materials,ASTM)、"机器人标准和参考框架"(Robot Standards and Reference Architectures,RoSta)及"对象管理组织"(Object Management Group,OMG)等组织也参与了少量的机器人标准的制定。

ISO 是最早进行机器人标准化研究的国际标准化组织。1983 年 12 月,ISO 第 184 技术委员会(Technical Committee,TC)——"自动化系统与集成标准化技术委员会"第 2 分技术委员会(Subtechnical Committee,SC)成立,编号为 ISO/TC184/SC2,主要目的是满足汽车行业机器人自动化和制造环境的要求,名称为"制造环境用机器人(Robots for Manufacturing Environments)"。当时 ISO/TC184/SC2 有六个工作组(Working Group,WG):WG1—WG6,其中 WG5 是主要关于工业机器人的工作组。后来,随着服务机器人的出现及应用,ISO/TC184 的工作范围从工业领域扩展到非工业领域,自 2006 年起,ISO/TC184/SC2 更名为"机器人与机器人装备(Robots and Robotic Devices)",随后也出现了很多新型服务机器人的定义和工作组,以支持新兴的机器人市场的发展。之后,随着机器人技术的进一步发展及其应用的逐渐扩大,ISO/TC184/SC2 于 2016 年从 TC184 中分离,成为独立的技术委员会——ISO/TC299:Robotics(机器人技术委员会),更多的工作组也逐渐形成。当前,ISO/TC299 的工作范围包括除了军用和玩具之外的所有机器人,机器人的国际标准化工作进入了一个新的快速发展时期。其发展阶段及主要的工作组情况如表 2-1 所示。

表 2-1　ISO 机器人技术委员会发展阶段及主要工作组情况

第一阶段:1983—2005 年		第二阶段:2006—2015 年		第三阶段:2016 年至今	
ISO/TC184/SC2:制造环境用机器人		ISO/TC184/SC2:机器人与机器人装备		ISO/TC299:机器人技术委员会	
WG1	定义、分类、术语、图形表示	WG1	词汇和特性	AG1	通信组
WG2	性能规范和测试方法	WG3	工业机器人安全	CAG	主席咨询组
WG3	在设计、制造、装配、调试、安装和使用等阶段的安全规范	WG7	个人助理机器人安全	SG1	结构与缺失研究组
WG4	机器人互联、数据通信、通信接口、控制语言和高级语言标准	WG8	服务机器人	WG1	词汇和特性
WG5	工业机器人及其他操作装置的机械接口标准	JWG9	ISO/TC184/SC2 和 IEC/SC62A 应用机器人技术的医疗设备的安全	WG2	个人护理机器人安全
WG6	制造信息系统(MMS)机器人伴同标准	WG10	服务机器人的模块化	WG3	工业机器人安全
		JWG35	ISO/TC184/SC2 和 IEC/SC62D 手术机器人安全	WG4	服务机器人(性能)
		JWG36	ISO/TC184/SC2 和 IEC/SC62D 康复机器人安全	JWG5	ISO/TC184/SC2 和 IEC/SC62A 应用机器人技术的医疗设备的安全
				WG6	服务机器人的模块化
				JWG35	ISO/TC299 和 IEC/SC62D 手术机器人安全
				JWG36	ISO/TC299 和 IEC/SC62D 康复机器人安全

目前,ISO/TC299:Robotics 共有 27 个参与成员国(Participating Members,拥有投票权):澳大利亚(SA),加拿大(SCC),奥地利(ASI),中国(SAC),捷克共和国(UNMZ),丹麦(DS),芬兰(SFS),法国(AFNOR),德国(DIN),匈牙利(MSZT),印度(BIS),爱尔兰(NSAI),意大利(UNI),日本(JISC),韩国(KATS),墨西哥(DGN),荷兰(NEN),挪威(SN),葡萄牙(IPQ),罗马尼亚(ASRO),俄罗斯联邦(GOSTR),新加坡(ESG),西班牙(UNE),瑞典(SIS),瑞士(SNV),(大不列颠)联合王国(BSI)和美国(ANSI)及 10 个观察成员国(Observing Members,不拥有投票权):比利时(NBN),洪都拉斯(OHN),伊朗(ISIRI),以色列(SII),卢森堡(ILNAS),巴基斯坦(PSQCA),波兰(PKN),塞尔维亚(ISS),斯洛伐克(UNMS SR)和乌克兰(DSTU)。

　　美国、日本、欧盟等工业机器人技术较强、应用较广泛的国家和地区均有大量的工业机器人标准。在单个国家中,日本具有最多数量的工业机器人标准,其总数达到 22 项,超过了欧盟工业机器人标准的数量。在欧盟国家中,德国的工业机器人标准不论是总数还是现行数量都是最多的,英国现行数量与德国基本持平。美国是第一个生产出工业机器人的国家,其工业机器人标准现行数量低于日本、德国等国家,但其领域高端,且重复定义数量较少,因此标准质量较高。此外,加拿大、澳大利亚也有少量现行工业机器人标准。

　　中国从 1992 年开始国内机器人的标准化工作,国家编号为 SAC/TC159/SC2,秘书处设在北京机械工业自动化研究所。国内的机器人技术归口单位标准化的框架与国际一致,机器人标准化工作相比机器人产业发展得早。目前,国内开展机器人标准工作的机构有自动化与集成标准化委员会、全国家用电器标准化技术委员会和全国特种作业机器人标准化工作组,其中自动化与集成标准化委员会下设的机器人与机器人相关设备分技术委员会(SAC/TC159/SC2)主要负责制定工业机器人标准。

　　截至 2018 年 12 月,ISO/TC299 共发布机器人相关国际标准及技术报告 18 项,其中工业机器人 13 项,服务机器人 5 项。此 18 项标准及报告在我国基本上已全部采标(其中 5 项正在研发),且基本上为等同采用。此 18 项标准及报告的标准号、名称和对应的国内标准号及名称见表 2-2。除此之外,ISO/TC299 另有 12 项标准正在研发,具体标准号及名称见表 2-3。国内工业机器人标准范围较广泛,已发布机器人与机器人装备国家标准(GB)36 项,工业机器人行业标准(JB)5 项,具体见表 2-4。

表 2-2　ISO/TC299 已发布的机器人国际标准及对应的国内标准

序号	标准号	英文名称	国内对应标准	中文名称
1	ISO 8373:2012	Robots and robotic devices—Vocabulary	GB/T 12643—2013	机器人与机器人装备——词汇
2	ISO 9283:1998	Manipulating industrial robots—Performance criteria and related test methods	GB/T 12642—2013	操作型工业机器人——性能规范及其试验方法
3	ISO 9409-1:2004	Manipulating industrial robots—Mechanical interfaces—Part 1: Plates	GB/T 14468.1—2006	操作型工业机器人——机械接口——第 1 部分:板类
4	ISO 9409-2:2002	Manipulating industrial robots—Mechanical interfaces—Part 2: Shafts	GB/T 14468.2—2006	操作型工业机器人——机械接口——第 2 部分:轴类
5	ISO 9787:2013	Robots and robotic devices—Coordinate systems and motion nomenclatures	GB/T 16977—2005(旧版)	机器人与机器人装备——坐标系和运动命名原则
6	ISO 9946:1999	Manipulating industrial robots—Presentation of characteristics	GB/T 12644—2001	操作型工业机器人——特性表示

续表

序号	标准号	英文名称	国内对应标准	中文名称
7	ISO 10218-1:2011	Robots and robotic devices—Safety requirements for industrial robots—Part 1: Robots	GB 11291.1—2011	机器人与机器人装备——工业机器人安全要求——第1部分:机器人
8	ISO 10218-2:2011	Robots and robotic devices—Safety requirements—Part 2: Robot system and integration	GB 11291.2—2013	机器人与机器人装备——工业机器人安全要求——第2部分:机器人系统与集成
9	ISO 11593:1996	Manipulating industrial robots—Automatic end effector exchange systems—Vocabulary and presentation of characteristics	GB/T 17887—1999	操作型工业机器人——末端执行器自动更换系统——词汇和特性表示
10	ISO/TR 13309:1995	Manipulating industrial robots—Informative guide on test equipment and metrology methods of operation for robot performance evaluation in accordance with ISO 9283	GB/T 12642—2013	操作型工业机器人——按ISO 9283进行机器人性能评价的试验设备和计量方法信息指南
11	ISO 13482:2014	Robots and robotic devices—Safety requirements for personal care robots	GB/T 36530—2018	机器人与机器人装备——个人护理机器人安全要求
12	ISO 14539:2000	Manipulating industrial robots—Object handling with grasp—type grippers—Vocabulary and presentation of characteristics	GB/T 19400—2003	操作型工业机器人——抓握型夹持器的物料搬运——词汇和特性表示
13	ISO/TS 15066:2016	Robots and robotic devices—Collaborative robots	GB/T 36008—2018	机器人和机器人设备——协作机器人
14	ISO/TS 18646:2016	Robotics—Performance criteria and related test methods for service robots—Part 1: Locomotion for wheeled robots	正在研发	机器人——服务机器人性能规范及其测试方法——第1部分:轮式机器人运动
15	ISO/TS 19649:2017	Mobile robots—Vocabulary	正在研发	移动机器人——词汇
16	ISO/TR 20218-1:2018	Robotics—Safety design for industrial robot systems—Part 1: End—effectors	正在研发	机器人——工业机器人系统安全设计——第1部分:末端执行器

序号	标准号	英文名称	国内对应标准	中文名称
17	ISO/TR 20218-2：2017	Robotics—Safety design for industrial robot systems—Part 2：Manual load/unload stations	正在研发	机器人——工业机器人系统安全设计——第 2 部分：手动装卸站
18	IEC/TR 60601-4：2017	Medical electrical equipment—Part 4-1：Guidance and interpretation—Medical electrical equipment and medical electrical systems employing a degree of autonomy	正在研发	医用电子设备——第 4-1 部分：指导和解释——具有自治程度的医用电子设备和医用电子系统

表 2-3　ISO/TC299 正在研发的机器人国际标准及名称

序号	标准号	英文名称	中文名称
1	ISO/CD 8373	Robots and robotic devices—Vocabulary	机器人与机器人装备——词汇
2	ISO/CD 10218-1	Robots and robotic devices—Safety requirements for industrial robots—Part 1：Robots	机器人与机器人装备——工业机器人安全要求——第 1 部分：机器人
3	ISO/CD 10218-2	Robots and robotic devices—Safety requirements—Part 2：Robot system and integration	机器人与机器人装备——工业机器人安全要求——第 2 部分：机器人系统与集成
4	ISO/NP 11593	Manipulating industrial robots—Automatic end effector exchange systems—Vocabulary and presentation of characteristics	操作型工业机器人——末端执行器自动更换系统——词汇和特性表示
5	ISO/FDIS 18646-2	Robotics—Performance criteria and related test methods for service robots—Part 2：Navigation	机器人——服务机器人性能规范及其测试方法——第 2 部分：导航
6	ISO/CD 18646-3	Robotics—Performance criteria and related test methods for service robots—Part 3：Manipulation	机器人——服务机器人性能规范及其测试方法——第 3 部分：操纵
7	ISO/AWI 18646-4	Robotics—Performance criteria and related test methods for service robots—Part 4：Wearable robots	机器人——服务机器人性能规范及其测试方法——第 4 部分：可穿戴机器人
8	ISO/CD 22166-1	Robotics—Part 1：Modularity for service robots—Part 1：General requirements	机器人——第 1 部分：服务机器人模块化——第 1 部分：总体要求
9	ISO/DTR 23482-1	Robotics—Application of ISO 13482—Part 1：Safety—related test methods	机器人——ISO 13482 应用——第 1 部分：与安全相关的测试方法

续表

序号	标准号	英文名称	中文名称
10	ISO/PRF TR 23482-2	Robotics—Application of ISO 13482—Part 2：Application guide	机器人——ISO 13482 应用——第 2 部分:应用指导
11	IEC/DIS 80601-2-77	Medical electrical equipment—Part 2-77：Particular requirements for the basic safety and essential performance of robotically assisted surgical equipment	医用电气设备——第 2-77 部分:机器人辅助手术设备的基本安全和基本性能的专用要求
12	IEC/DIS 80601-2-78	Medical electrical equipment—Part 2-78：Particular requirements for the basic safety and essential performance of medical robots for rehabilitation, assessment, compensation or alleviation	医用电气设备——第 2-78 部分:康复、评估、补偿或缓解医用机器人的基本安全和基本性能的专用要求

表 2-4 我国已发布的机器人与机器人装备国家标准及行业标准

序号	标准号	标准名称
1	GB/T 12643—2013	机器人与机器人装备——词汇
2	GB 11291.1—2011	工业机器人环境—安全要求——第 1 部分:机器人
3	GB 11291.2—2013	机器人与机器人装备——工业机器人的安全要求——第 2 部分:机器人系统与集成
4	GB/T 19400—2003	工业机器人——抓握型夹持器物体搬运—词汇和特性表示
5	GB/T 12642—2013	工业机器人——性能规范及其试验方法
6	GB/T 12644—2001	工业机器人——特性表示
7	GB/T 14468.1—2006	工业机器人机械接口——第 1 部分:板类
8	GB/T 14468.2—2006	工业机器人机械接口——第 2 部分:轴类
9	GB/T 16977—2005	工业机器人——坐标系和运动命名原则
10	GB/T 17887—1999	工业机器人——末端执行器自动更换系统——词汇和特性表示
11	GB/Z 19397—2003	工业机器人——电磁兼容性试验方法和性能评估准则——指南
12	GB/T 14283—2008	点焊机器人通用技术条件
13	GB/T 20721—2006	自动导引车通用技术条件
14	GB/T 20722—2006	激光加工机器人通用技术条件
15	GB/T 20723—2006	弧焊机器人通用技术条件
16	GB/T 26154—2010	装配机器人通用技术条件
17	GB/T 20867—2007	工业机器人安全实施规范
18	GB/T 20868—2007	工业机器人性能测试试验实施规范
19	GB/T 29825—2013	机器人通信总线协议
20	GB/T 29824—2013	工业机器人用户编程指令
21	GB/T 26153.1—2010	离线编程式机器人柔性加工系统——第 1 部分:通用要求

续表

序号	标准号	标准名称
22	GB/T 26153.2—2010	离线编程式机器人柔性加工系统——第 2 部分:砂带磨削加工系统
23	GB/T 26153.3—2010	离线编程式机器人柔性加工系统——第 2 部分:喷涂系统
24	GB/T 33262—2016	工业机器人模块化设计规范
25	GB/T 32197—2015	机器人控制器开放式通信接口规范
26	GB/T 36008—2018	机器人与机器人装备——协作机器人
27	GB/T 35144—2017	机器人机构的模块化功能构建规范
28	GB/T 34038—2017	码垛机器人通用技术条件
29	GB/T 35116—2017	机器人设计平台系统集成体系结构
30	GB/T 35127—2017	机器人设计平台集成数据交换规范
31	GB/T 36530—2018	机器人与机器人装备——个人护理机器人的安全要求
32	GB/T 36012—2018	锄草机器人性能规范及其测试方法
33	GB/T 36007—2018	锄草机器人通用技术条件
34	GB/T 36013—2018	锄草机器人安全要求
35	GB/T 34668—2017	电动平衡车安全要求及测试方法
36	GB/T 34667—2017	电动平衡车通用技术条件
37	JB/T 5063—2014	搬运机器人通用技术条件
38	JB/T 8430—2014	工业机器人型号编制方法
39	JB/T 9182—2014	喷漆机器人通用技术条件
40	JB/T 8896—1999	工业机器人验收规则
41	JB/T 10825—2008	工业机器人产品验收实施规范

2.2　工业机器人性能指标、测试条件与检测方法

2.2.1　工业机器人性能指标

本书中所指的"工业机器人性能指标",如无特殊说明,均指 GB/T 12642—2013(对标 ISO 9283:1998)中所列的性能指标,包含:

➤ 位姿准确度和位姿重复性;

➤ 多方向位姿准确度变动;

➤ 距离准确度和距离重复性;

➤ 位置稳定时间;

➤ 位置超调量;

➤ 位姿特性漂移;

➤ 互换性;

> ➤ 轨迹准确度和轨迹重复性；
> ➤ 重复定向轨迹准确度；
> ➤ 拐角偏差；
> ➤ 轨迹速度特性；
> ➤ 最小定位时间；
> ➤ 静态柔顺性；
> ➤ 摆动偏差。

为了对比不同机器人的性能指标，按照 GB/T 12642—2013（对标 ISO 9283:1998）的规定，以下参数必须相同：试验立方体的尺寸、试验用负载、试验速度、试验轨迹、试验循环和环境条件。

2.2.2　工业机器人性能测试条件与性能检测方法

1. 机器人安装

根据制造商的建议安装机器人。

2. 测试前提条件

机器人应装配完毕，并可进行全面操作。所有必要的校平操作、调整步骤及功能试验均应圆满完成。

除位姿特性的漂移试验应由冷态开始外，不管制造商是否有规定，其余的试验在试验前应进行适当的预热。

若机器人具有由用户使用的、会影响被测特性的设备，或如果只能用特殊函数来记录特性（如离线编程给出的位姿校准设施）的设备，则试验中的状态必须在试验报告中说明，并且（与某种特性有关时）每次试验中均应保持不变。

3. 操作和环境条件

由制造商指定并由 GB/T 12642—2013（对标 ISO 9283:1998）相应的试验方法确定的性能特性，只有在制造商规定的环境和正常操作条件下才是有效的。

（1）操作条件

试验中所使用的正常操作条件，应由制造商说明。

正常操作条件包括（但不限于）：对电源、液压源和气压源的要求，电源波动和干扰，最大安全操作极限（见 ISO 9946:1999 或 GB/T 12644—2001）等。

（2）环境条件

① 一般条件

试验所用的环境条件应由制造商说明。

环境条件包括：温度、相对湿度、电磁场和静电场、射频干扰、大气污染和海拔高度极限。

② 测试温度

测试的环境温度应为 20℃。采用其他的环境温度应在试验报告中指明并加以解释。试验温度应保持在 20±2℃ 范围内。

为使机器人和测量仪器在试验前处于热稳定状态下,需将它们置于试验环境中足够长的时间(最好是一昼夜),还需防止通风和外部热辐射(如阳光、加热器)。

4. 位移测量原则

被测位置和姿态数据(x_j、y_j、z_j、a_j、b_j、c_j)应以机座坐标系(ISO 9787:2013 或 GB/T 16977—2005)来表示,或以测量设备所确定的坐标系来表示。

若机器人指令位姿和轨迹由另一坐标系(如在离线编程中使用)确定,而不是测量系统来确定,则必须把数据转换到一个公共坐标系中。用测量方法建立坐标系间的相互关系。在此情况下,测量位姿不能用作转换数据的参照位置。参照点和测量点需在试验立方体内,且彼此距离应尽可能大。

对于性能规范的有向分量,机座坐标系和所选坐标系的关系应在试验结果中说明。

测量点应离制造商指明的机械接口一段距离,该点在机械接口坐标系(见 ISO 9787:2013 或 GB/T 16977—2005)的位置应予以记录。

计算姿态偏差时所用的转动顺序,必须使姿态在数值上是连续的。绕动轴(导航角或欧拉角)旋转,或绕静止轴旋转是没有关系的。

除非另有规定,否则应在实到位姿稳定后进行测量。

5. 仪器

对于轨迹特性、超调量和位姿稳定性的测量,数据采集设备的动态特性(如采样速率)应足够高,以确保获得被测特性的充分描述。

试验中所用的测量仪器应进行校准,还应估计测量的不确定度并在试验报告中说明。应考虑下列参数:仪器误差、与方法有关的系统误差、计算误差。

测量的不确定度不能超过被测特性数值的 25%。

6. 机械接口的负载

所有试验项目都应在 100% 额定负载条件(制造商规定的质量、重心位置和惯性力矩)下进行。额定负载条件应在试验报告中注明。

为表征机器人与负载有关的性能,可采用如表 2-5 中指出的将额定负载降至 10% 或由制造商指定的其他数值进行附加试验。

表 2-5　试验负载

试验特性	使用负载	
	100% 额定负载 (×表示必须采用)	额定负载降至 10% (○表示选用)
位姿准确度和位姿重复性	×	○
多方向位姿准确度变动	×	○
距离准确度和距离重复性	×	—
位置稳定时间	×	○

续表

试验特性	使用负载	
	100%额定负载 (×表示必须采用)	额定负载降至10% (○表示选用)
位置超调量	×	○
位姿特性漂移	×	—
互换性	×	○
轨迹准确度和轨迹重复性	×	○
重定向轨迹准确度	×	○
拐角偏差	×	○
轨迹速度特性	×	○
最小定位时间	×	○
静态柔顺性	—	见 GB/T 12642—2013 第 10 章
摆动偏差	×	○

如部分测量仪器附加于机器人上,则应将其质量和位置当作试验负载的一部分。

图 2-1 所示是试验用末端执行器的实例,其 CG(重心)和 TCP(工具中心点)有偏移。试

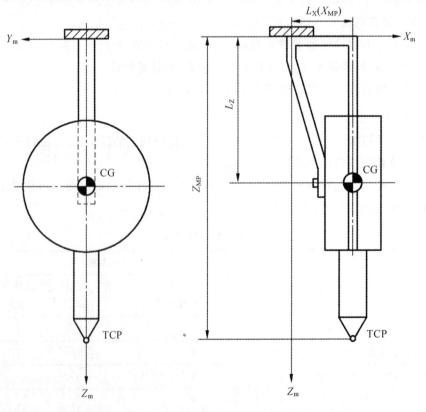

图 2-1 试验用末端执行器实例

验时,TCP 是测量点(MP)。测量点的位置应在试验报告中说明。

7. 试验速度

所有位姿特性试验都应在指定位姿间可达到的最大速度下进行,即在每种情况下速度补偿均置于 100%,并可在此速度的 50% 和(或)10% 下进行附加试验。

对于每一种轨迹特性,应在制造商规定的额定轨迹速度的 100%、50% 和 10% 下进行试验。在试验报告中应注明额定轨迹速度。每次试验所规定的速度取决于轨迹的形状和尺寸。机器人至少应能在试验轨迹 50% 的长度内达到此速度,此时,相关的性能指标才是有效的。

如果可选择,应在试验报告中说明速度是以点位方式还是以连续轨迹方式来规定的。

表 2-6 和表 2-7 给出了试验速度的汇总。

表 2-6　位姿特性试验速度

试验特性	速度	
	100% 额定速度 (×表示必测)	50% 或 10% 额定速度 (○表示选测)
位姿准确度和位姿重复性	×	○
多方向位姿准确度变动	×	○
距离准确度和距离重复性	×	○
位置稳定时间	×	○
位置超调量	×	○
位姿特性漂移	×	—
互换性	×	○
最小定位时间	见 GB/T 12642—2013 第 9 章和表 20	

表 2-7　轨迹特性的试验速度

试验特性	速度		
	100% 额定轨迹速度 (×表示必测)	50% 额定轨迹速度 (×表示必测)	10% 额定轨迹速度 (×表示必测)
轨迹准确度和轨迹重复性	×	×	×
重定向轨迹准确度	×	×	×
拐角偏差	×	×	×
轨迹速度特性	×	×	×
摆动偏差	×	×	×

8. 试验位姿和跟踪轨迹的定义

(1)目的

说明如何确定位于工作空间中立方体内一平面上的五个合适位置,还说明了要跟踪的试验轨迹。当机器人某轴运动范围较其他轴小时,可用长方体代替立方体。

(2)立方体在工作空间中的位置

位于工作空间中的单个立方体,其顶点用 $C_1 \sim C_8$ 表示(见图 2-2),应满足以下要求:

①立方体应位于工作空间中预期应用最多的那一部分;

②立方体应具有最大的体积,且其棱边平行于机座坐标系。

在试验报告中应以图形说明工作空间中所用立方体的位置。

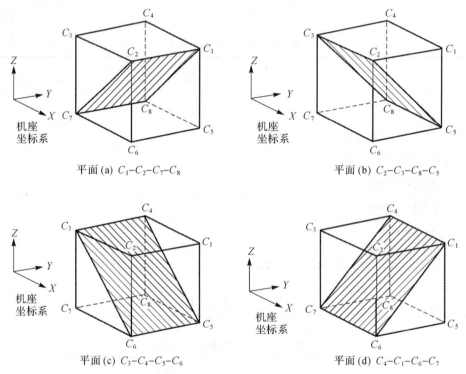

图 2-2 工作空间中的立方体

(3)立方体内所用平面的位置

位姿试验应选用下列平面之一,对这些平面制造商已声明在说明书中的值是有效的:

①$C_1 - C_2 - C_7 - C_8$;

②$C_2 - C_3 - C_8 - C_5$;

③$C_3 - C_4 - C_5 - C_6$;

④$C_4 - C_1 - C_6 - C_7$。

试验报告中应指出选用了哪一个平面。

表 2-8 给出了位姿特性所使用的位姿。

表 2-8　位姿特性中选用的位姿

试验特性	位姿				
	P_1	P_2	P_3	P_4	P_5
位姿准确度和位姿重复性	×	×	×	×	×
多方向位姿准确度变动	×	×	—	×	—
距离准确度和距离重复性	—	×	—	×	—
位置稳定时间	×	×	×	×	×
位置超调量	×	×	×	×	×
位姿特性漂移	×	—	—	—	—
互换性	×	×	×	×	×

（4）试验位姿

五个要测量的点位于测量平面的对角线上，并对应于选用平面上的 $P_1 \sim P_5$ 加上轴向（X_{MP}）和径向（Z_{MP}）测量点偏移。点 $P_1 \sim P_5$ 是机器人手腕参考点的位置。

测量平面平行于选用平面，如图 2-3 所示。

制造商可规定试验位姿应由机座坐标系（最佳）和（或）关节坐标系来确定。

P_1 是对角线的交点，也是立方体的中心。$P_2 \sim P_5$ 离对角线端点的距离等于对角线长度的 10％±2％（见图 2-4），若非如此，则在报告中说明在对角线上所选择的点的位置。

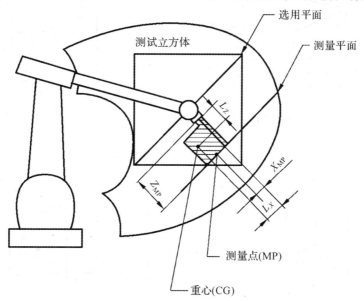

图 2-3　选用平面和测量平面

（5）运动要求

当机器人在各位姿间运动时，所有关节均应运动。

试验时，应注意符合制造操作规范。

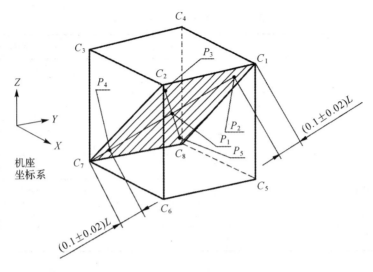

图 2-4　使用的位姿

（6）跟踪的轨迹

① 试验轨迹的位置

试验轨迹应位于如图 2-5 所示的四个平面之一。对于 6 轴机器人，除制造商特殊规定外，应选用平面 1。对少于 6 轴的机器人，应由制造商指定选用哪个平面。

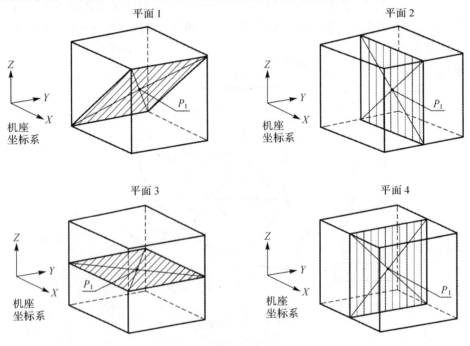

图 2-5　试验轨迹定位平面的确定

在轨迹特性测量时,机械接口的中心应位于选用平面上(见图 2-3),且其姿态相对于该平面应保持不变。

② 试验轨迹的形状和尺寸

图 2-6 给出了在四个可用试验平面之一上的一条直线轨迹、一条矩形轨迹和两条圆形轨迹的位置示例。

除测量拐角偏差外,试验轨迹的形状应是直线或圆。若采用其他形状的轨迹,制造商应说明并附于试验报告中。

在立方体对角线上的直线轨迹,轨迹长度应是所选平面相对顶点间距离的 80%,如图 2-6 中 P_2 到 P_4 的距离是一实例。

另一直线轨迹 P_6 到 P_9,可用于重复定向试验。

对圆形轨迹试验,需测试两个不同的圆,见图 2-6。

大圆的直径应为立方体边长的 80%,圆心为 P_1。

小圆的直径应是同一平面中大圆直径的 10%。圆心为 P_1,见图 2-6。

应使用最少的数目的指令位姿。在试验报告中应说明指令位姿的数目、位置和编程方法(示教编程、人工输入数字数据或离线编程)。

对于矩形轨迹,拐角记为 E_1、E_2、E_3 和 E_4,每个拐角离平面各顶点的距离为该平面对角线长度的 10%±2%。在图 2-6 的实例中,P_2、P_3、P_4 和 P_5 分别与 E_1、E_2、E_3 和 E_4 重合。

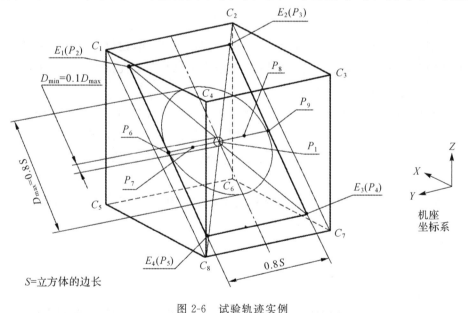

图 2-6 试验轨迹实例

9. 循环次数

表 2-9 给出了测试每种特性时实施的循环次数。

表 2-9　循环次数

试验特性	循环次数/次
位姿准确度和位姿重复性	30
多方向位姿准确度变动	30
距离准确度和距离重复性	30
位置稳定时间	3
位置超调量	3
位姿特性漂移	（连续循环 8h）
互换性	30
轨迹准确度和轨迹重复性	10
重定向轨迹准确度	10
拐角偏差	3
轨迹速度特性	10
最小定位时间	3
摆动偏差	3

10. 试验步骤

试验顺序对试验结果没有影响，但为了确定测量停顿时间，建议先进行位置稳定时间试验后，再进行位姿重复性试验。位置超调量、位姿准确度和重复性试验可同时进行。位姿特性漂移试验应独立进行。

位姿特性试验应在点位或连续轨迹控制下进行，轨迹特性试验应在轨迹控制下进行。

如果测试设备允许，轨迹准确度及重复性试验可与速度试验同时进行。

建议速度试验在轨迹准确度试验之前进行，并使用相同的轨迹参数，这样可保证在确定轨迹时使用正确的参考量。

当编程恒定轨迹速度时，应注意确保把速度补偿控制设为 100%，并保证机器人不因在跟踪轨迹上的任何限制而使速度自动减小。

下列特性可同时进行测试：

①轨迹准确度、重复性和速度特性；

②拐角超调和圆角误差。

除位姿特性漂移外，一种条件下每一特性的数据采集应在最短的时间内进行。

试验时所有的程序延时，如测量停顿时间和测量时间应在试验报告中说明。

11. 试验特性——应用

根据机器人的类型和要求（应用），可全面或部分采用本章所述的试验。

2.3　位姿准确度和位姿重复性

2.3.1　一般说明

指令位姿(见图 2-7):以示教编程、人工数据输入或离线编程所设定的位姿。

将示教编程机器人的指令位姿定义为机器人的测量点(见图 2-7)。编程时,通过机器人的运动,使该点尽可能接近立方体的确定点($P_1, P_2, \cdots$)。把测量系统显示的坐标值用作"指令位姿",以便根据逐个实到位姿计算准确度。

实到位姿(见图 2-7):机器人在自动方式下响应指令位姿而实际达到的位姿。

本章中所定义的位姿准确度和重复性特性,由指令位姿与实到位姿间的偏差以及重复接近指令位姿的一系列实到位姿的分布来确定。

产生这些误差的主要原因有:

①内部控制分辨率;

②坐标变换误差;

③关节的实际结构尺寸与机器人控制系统所用的模型尺寸间的差异;

④机械缺陷,如间隙、滞回、摩擦及外部条件(如温度)等的影响。

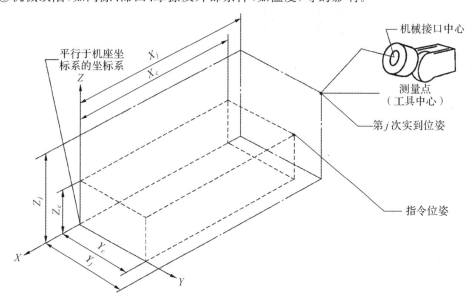

图 2-7　指令位姿与实到位姿的关系

(图 2-8 和图 2-9 也表示该关系)

指令位姿数据输入方法取决于机器人控制设备,并对准确度特性有重大影响。使用的数据输入方法应在数据表和试验报告中清楚地说明。

　　若指令位姿由数字数据输入设定,则不同指令位姿间的关系(即距离和姿态)应是已知的(或可确定的),这对距离特性的规范和测量是需要的。

　　对于使用数字数据输入的位姿准确度测量,需知道测量系统相对于机座坐标系的位置。

2.3.2　位姿准确度和位姿重复性

1.位姿准确度

　　定义:位姿准确度(AP)表示指令位姿和从同一方向接近该指令位姿时的实到位姿平均值之间的偏差。

　　位姿准确度分为以下两种。

　　①位置准确度:指令位姿的位置与实到位置集群中心之差(见图 2-8);

　　②姿态准确度:指令位姿的姿态与实到姿态平均值之差(见图 2-9)。

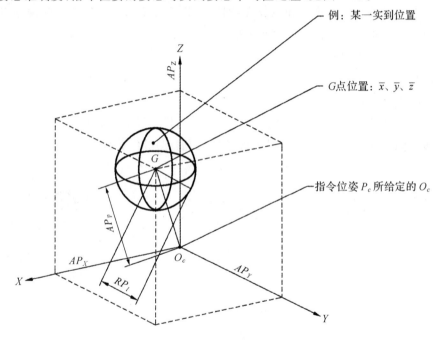

图 2-8　位置准确度和重复性

　　位姿准确度计算如下:

　　(1)位置准确度(AP_p)

$$AP_p = \sqrt{(\bar{x} - x_c)^2 + (\bar{y} - y_c)^2 + (\bar{z} - z_c)^2} \tag{2-1}$$

$$AP_{px} = \bar{x} - x_c \tag{2-2}$$

$$AP_{py} = \bar{y} - y_c \tag{2-3}$$

$$AP_{pz} = \bar{z} - z_c \tag{2-4}$$

式中:$\bar{x}$、$\bar{y}$ 和 $\bar{z}$ 是对同一位姿重复响应 n 次后所得各点集群中心的坐标;x_c、y_c 和 z_c 是指令位

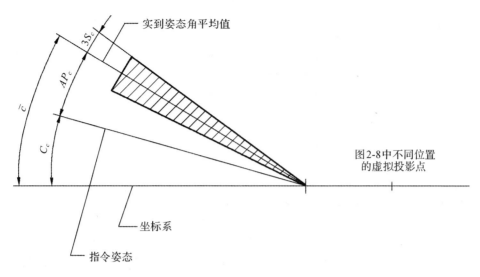

图 2-9　姿态准确度和重复性

姿坐标;x_j、y_j 和 z_j 是第 j 次实到位姿的坐标。$\bar{x} = \dfrac{1}{n}\sum_{j=1}^{n} x_j$;$\bar{y} = \dfrac{1}{n}\sum_{j=1}^{n} y_j$;$\bar{z} = \dfrac{1}{n}\sum_{j=1}^{n} z_j$。

（2）姿态准确度（AP_a、AP_b、AP_c）

$$AP_a = (\bar{a} - a_c) \tag{2-5}$$

$$AP_b = (\bar{b} - b_c) \tag{2-6}$$

$$AP_c = (\bar{c} - c_c) \tag{2-7}$$

式中:$\bar{a}$、$\bar{b}$、$\bar{c}$ 是在对同一位姿重复响应 n 次所得的姿态角的平均值。a_c、b_c 和 c_c 是指令位姿的姿态角;a_j、b_j 和 c_j 是第 j 次实到位姿的姿态角。$\bar{a} = \dfrac{1}{n}\sum_{j=1}^{n} a_j$;$\bar{b} = \dfrac{1}{n}\sum_{j=1}^{n} b_j$;$\bar{c} = \dfrac{1}{n}\sum_{j=1}^{n} c_j$。

表 2-10 给出了位姿准确度试验条件的汇总。

表 2-10　位姿准确度试验条件

负载	速度	位姿	循环次数／次
100% 额定负载	100% 额定速度 50% 额定速度 10% 额定速度	$P_5 \rightarrow P_4 \rightarrow P_3 \rightarrow P_2 \rightarrow P_1$	30
额定负载降至 10%（选用）	100% 额定速度 50% 额定速度 10% 额定速度		

机器人从 P_1 点开始,依次将机械接口移至 P_5、P_4、P_3、P_2、P_1。采用如图 2-10 所示的循环之一,以单一方向接近每个位姿。试验时所用的接近方向应与编程时的接近方向类同。

然后,即可计算每个位姿的位置准确度（AP_p）和姿态准确度（AP_a、AP_b、AP_c）。

2. 位姿重复性

定义:位姿重复性（RP）表示对同一指令位姿从同一方向重复响应 n 次后实到位姿的一

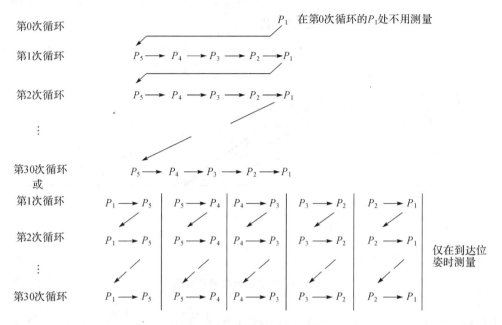

图 2-10   可用循环的图示

致程度。

对于某一位姿，重复性可表示为：

以式(2-8)计算且以位置集群中心为球心的球半径 RP_l 之值（见图 2-8）；

围绕平均值 $\bar{a}$、$\bar{b}$ 和 $\bar{c}$ 的角度散布 $\pm 3S_a$、$\pm 3S_b$、$\pm 3S_c$，其中 S_a、S_b、S_c 为标准偏差（见图 2-9）。

(1) 位置重复性(RP_l)

$$RP_l = \bar{l} \pm 3S_l \tag{2-8}$$

其中，

$$\bar{l} = \frac{1}{n}\sum_{j=1}^{n} l_j$$

$$l_j = \sqrt{(x_j - \bar{x})^2 + (y_j - \bar{y})^2 + (z_j - \bar{z})^2}$$

式中：$\bar{x}$、$\bar{y}$、$\bar{z}$ 和 x_j、y_j、z_j 已在"位姿准确度"中定义。

$$S_l = \sqrt{\frac{\sum_{j=1}^{n}(l_j - \bar{l})^2}{n-1}} \tag{2-9}$$

(2) 姿态重复性(RP_a、RP_b、RP_c)

$$RP_a = \pm 3S_a = \pm 3\sqrt{\frac{\sum_{j=1}^{n}(a_j - \bar{a})^2}{n-1}} \tag{2-10}$$

$$RP_b = \pm 3S_b = \pm 3\sqrt{\frac{\sum_{j=1}^{n}(b_j - \bar{b})^2}{n-1}} \tag{2-11}$$

$$RP_c = \pm 3S_c = \pm 3\sqrt{\frac{\sum\limits_{j=1}^{n}(c_j - \bar{c})^2}{n-1}} \tag{2-12}$$

注：即使距离分布不正常，此指标也是可计算的。

表 2-11 汇总了位姿重复性试验条件。

表 2-11 位姿重复性试验条件

负载	速度	位姿	循环次数/次
100%额定负载	100%额定速度	$P_1 \rightarrow P_2 \rightarrow P_3 \rightarrow P_4 \rightarrow P_5$	30
	50%额定速度		
	10%额定速度		
额定负载降至10%(选用)	100%额定速度		
	50%额定速度		
	10%额定速度		

试验步骤与"位姿准确度"相同。

计算每个位姿的位置重复性 RP_l 和角度偏差 RP_a、RP_b、RP_c。对于一些特殊应用，RP 也可使用其分量 RP_x、RP_y、RP_z。

2.4 多方向位姿准确度变动

多方向位姿准确度变动(vAP)表示从三个相互垂直方向对相同指令位姿响应 n 次时，各平均实到位姿间的偏差(见图 2-11)。

vAP_p 是不同轨迹终点得到的实到位置集群中心间的最大距离。vAP_a、vAP_b、vAP_c 是不同轨迹终点得到的实到姿态平均值间的最大偏差。

多方向位姿准确度变动的计算公式如下：

$$vAP_p = \max\sqrt{(\overline{x_h} - \overline{x_k})^2 + (\overline{y_h} - \overline{y_k})^2 + (\overline{z_h} - \overline{z_k})^2} \quad h,k=1,2,3 \tag{2-13}$$

$$vAP_a = \max|(\overline{a_h} - \overline{a_k})| \qquad h,k=1,2,3 \tag{2-14}$$

$$vAP_b = \max|(\overline{b_h} - \overline{b_k})| \qquad h,k=1,2,3 \tag{2-15}$$

$$vAP_c = \max|(\overline{c_h} - \overline{c_k})| \qquad h,k=1,2,3 \tag{2-16}$$

式中：1、2、3 是接近轨迹的编号。

表 2-12 给出了多方向位姿准确度变动的试验条件汇总。

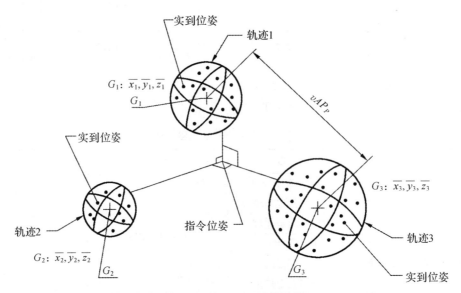

图 2-11　多方向位姿准确度变动

表 2-12　多方向位姿准确度变动试验条件

负载	速度	位姿	循环次数/次
100％额定负载	100％额定速度		
	50％额定速度		
	10％额定速度	$P_1 \rightarrow P_2 \rightarrow P_4$	30
额定负载降至 10％（选用）	100％额定速度		
	50％额定速度		
	10％额定速度		

　　经过编程，使机器人的机械接口沿平行于机座坐标系轴线的三条接近轨迹运动到各指令位姿点。对于 P_1，以坐标轴的负方向接近，对于 P_2 和 P_4，则从立方体内部接近（见图2-11和图 2-12）。如果不可能，应使用制造商指定的接近方向并在报告中说明。

　　然后，计算每个位姿的 vAP_p、vAP_a、vAP_b 和 vAP_c。

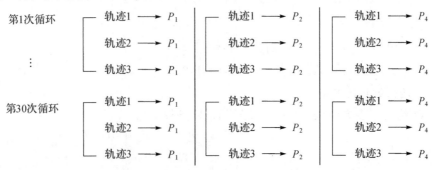

图 2-12　循环图解

2.5　距离准确度和距离重复性

本特性仅用于离线编程或人工数据输入的机器人。

2.5.1　一般说明

本章所定义的距离准确度和距离重复性由两个指令位姿与两组实到位姿均值之间的距离偏差和在这两个位姿间一系列重复移动的距离波动来确定。

对位姿用以下两种方法之一控制,可测量距离准确度和重复性:

①使用离线编程控制两个位姿;

②用示教编程控制一个位姿,并通过人工数据输入对距离编程。

应在报告中说明所使用的方法。

2.5.2　距离准确度

定义:距离准确度(AD)表示在指令距离和实到距离平均值之间位置和姿态的偏差。

设 P_{c1}、P_{c2} 是指令位姿,P_{1j}、P_{2j} 是实到位姿,位置距离准确度是 P_{c1}、P_{c2} 和 P_{1j}、P_{2j} 间距离之差(见图 2-13),且该距离被重复 n 次。

距离准确度由位置距离准确度和姿态距离准确度两个因素决定。

位置距离准确度 AD_p 计算公式如下:

$$AD_p = \overline{D} - D_c \tag{2-17}$$

其中,

$$\overline{D} = \frac{1}{n} \sum_{j=1}^{n} D_j$$

$$D_j = |P_{1j} - P_{2j}| = \sqrt{(x_{1j} - x_{2j})^2 + (y_{1j} - y_{2j})^2 + (z_{1j} - z_{2j})^2}$$

$$D_c = |P_{c1} - P_{c2}| = \sqrt{(x_{c1} - x_{c2})^2 + (y_{c1} - y_{c2})^2 + (z_{c1} - z_{c2})^2}$$

式中:x_{c1}、y_{c1}、z_{c1} 是在机器人控制系统中可用的 P_{c1} 的坐标;x_{c2}、y_{c2}、z_{c2} 是在机器人控制系统中可用的 P_{c2} 的坐标;x_{1j}、y_{1j}、z_{1j} 是 P_{1j} 的坐标;x_{2j}、y_{2j}、z_{2j} 是 P_{2j} 的坐标;n 是重复次数。

位置距离准确度也可用机座坐标系的各轴分量来表示,计算公式如下:

$$AD_x = \overline{D_x} - D_{cx} \tag{2-18}$$

$$AD_y = \overline{D_y} - D_{cy} \tag{2-19}$$

$$AD_z = \overline{D_z} - D_{cz} \tag{2-20}$$

其中,

$$\overline{D_x} = \frac{1}{n} \sum_{j=1}^{n} D_{xj} = \frac{1}{n} \sum_{j=1}^{n} |x_{1j} - x_{2j}|$$

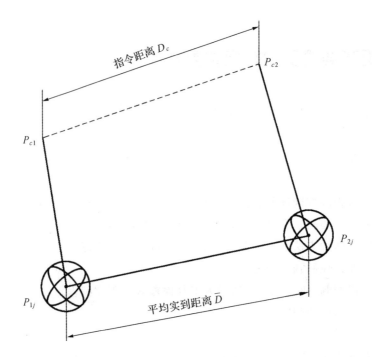

图 2-13 距离准确度

$$\overline{D_y} = \frac{1}{n}\sum_{j=1}^{n} D_{yj} = \frac{1}{n}\sum_{j=1}^{n} |y_{1j} - y_{2j}|$$

$$\overline{D_z} = \frac{1}{n}\sum_{j=1}^{n} D_{zj} = \frac{1}{n}\sum_{j=1}^{n} |z_{1j} - z_{2j}|$$

$$D_{cx} = |X_{c1} - X_{c2}|$$

$$D_{cy} = |Y_{c1} - Y_{c2}|$$

$$D_{cz} = |Z_{c1} - Z_{c2}|$$

姿态距离准确度的计算方法相当于单轴距离准确度,计算公式如下:

$$AD_a = \overline{D_a} - D_{ca} \tag{2-21}$$

$$AD_b = \overline{D_b} - D_{cb} \tag{2-22}$$

$$AD_c = \overline{D_c} - D_{cc} \tag{2-23}$$

其中,

$$\overline{D_a} = \frac{1}{n}\sum_{j=1}^{n} D_{aj} = \frac{1}{n}\sum_{j=1}^{n} |a_{1j} - a_{2j}|$$

$$\overline{D_b} = \frac{1}{n}\sum_{j=1}^{n} D_{bj} = \frac{1}{n}\sum_{j=1}^{n} |b_{1j} - b_{2j}|$$

$$\overline{D_c} = \frac{1}{n}\sum_{j=1}^{n} D_{cj} = \frac{1}{n}\sum_{j=1}^{n} |c_{1j} - c_{2j}|$$

$$D_{ca} = |a_{c1} - a_{c2}|$$

$$D_{cb} = |b_{c1} - b_{c2}|$$

$$D_{cc} = |c_{c1} - c_{c2}|$$

式中：a_{c1}、b_{c1}、c_{c1} 是在机器人控制系统中可用 P_{c1} 的姿态；a_{c2}、b_{c2}、c_{c2} 是在机器人控制系统中可用 P_{c2} 的姿态；a_{1j}、b_{1j}、c_{1j} 是 P_{1j} 的姿态；a_{2j}、b_{2j}、c_{2j} 是 P_{2j} 的姿态；n 是重复次数。

表 2-13 给出了距离准确度试验条件的汇总。

表 2-13　距离准确度试验条件

负载	速度	位姿	循环次数／次
100％ 额定负载	100％ 额定速度 50％ 额定速度 10％ 额定速度	$P_2 \rightarrow P_4$	30

经过编程，使机器人的机械接口从 P_4 开始，在 P_2、P_4 位姿间连续运动，应单方向进行测量（见图 2-14）。

在报告中至少要有 AD_p 的值。

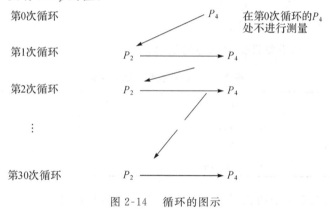

图 2-14　循环的图示

2.5.3　距离重复性

定义：距离重复性（RD）表示在同一方向对相同指令距离重复运动 n 次后实到距离的一致程度。

距离重复性包括位置距离重复性和姿态距离重复性。

对于给定的指令距离，位置距离重复性的计算公式如下：

$$RD = \pm 3\sqrt{\frac{\sum_{j=1}^{n}(D_j - \overline{D})^2}{n-1}} \tag{2-24}$$

$$RD_x = \pm 3\sqrt{\frac{\sum_{j=1}^{n}(D_{xj} - \overline{D}_x)^2}{n-1}} \tag{2-25}$$

$$RD_y = \pm 3\sqrt{\frac{\sum_{j=1}^{n}(D_{yj} - \overline{D}_y)^2}{n-1}} \tag{2-26}$$

$$RD_z = \pm 3 \sqrt{\frac{\sum\limits_{j=1}^{n} (D_{zj} - \overline{D}_z)^2}{n-1}} \qquad (2\text{-}27)$$

姿态距离重复性的计算公式如下：

$$RD_a = \pm 3 \sqrt{\frac{\sum\limits_{j=1}^{n} (D_{aj} - \overline{D}_a)^2}{n-1}} \qquad (2\text{-}28)$$

$$RD_b = \pm 3 \sqrt{\frac{\sum\limits_{j=1}^{n} (D_{bj} - \overline{D}_b)^2}{n-1}} \qquad (2\text{-}29)$$

$$RD_c = \pm 3 \sqrt{\frac{\sum\limits_{j=1}^{n} (D_{cj} - \overline{D}_c)^2}{n-1}} \qquad (2\text{-}30)$$

式中各变量的定义与 2.5.2 节相同。

表 2-14 给出了距离重复性试验条件的汇总。

表 2-14　距离重复性试验条件

负载	速度	位姿	循环次数／次
100％ 额定负载	100％ 额定速度 50％ 额定速度 10％ 额定速度	$P_2 \rightarrow P_4$	30

具体步骤与 2.5.2 节中的相同。在报告中至少要给出 RD 值。

2.6　位置稳定时间

定义：位置稳定时间是从机器人第一次进入门限带的瞬间到不再超出门限带的瞬间所经历的时间。

门限带可定义为"位姿重复性"中的重复性或由制造商制定。

位置稳定时间用于衡量机器人停止在实到位姿快慢程度的性能。图 2-15 的实例是接近实到位姿的三维图示。同时应知道稳定时间（t）与位置超调量（OV_j）及机器人的其他性能参数有关。

位置稳定时间的测量与下节中测量位置超调量的方式相同。以"位姿准确度"中的循环方式使机器人在试验负载和试验速度下运行。当机器人达到指令位姿 P_n 后，应连续测量测试点的位置，直到稳定。

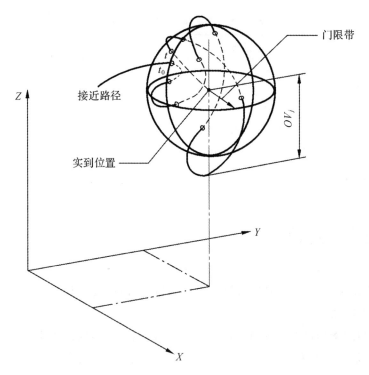

图 2-15　三维表示的稳定时间和位置超调量

这一测量步骤需要重复 3 次,对于每个位姿,计算 3 次测量的平均值(见图 2-16)。

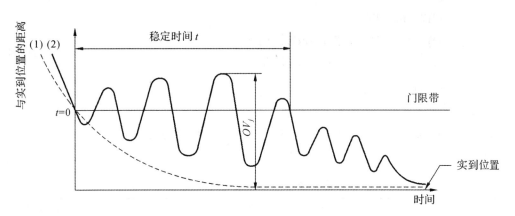

曲线(1)为过阻尼接近示例;曲线(2)为振荡接近示例,有 OV_j 存在

图 2-16　稳定时间和位置超调量

表 2-15 汇总了位置稳定时间试验条件。

表 2-15   位置稳定时间试验条件

负载	速度	位姿	循环次数/次
100%额定负载	100%额定速度 50%额定速度 10%额定速度	P_1	3
额定负载降至 10%（选用）	100%额定速度 50%额定速度 10%额定速度		

2.7   位置超调量

定义：位置超调量（OV）是机器人第一次进入门限带再超出门限带后的瞬时位置与实到稳定位置的最大距离。

测量位置超调量的目的是衡量机器人平稳、准确地停在实到位姿的能力。

注：对于过阻尼机器人［见图 2-16 曲线(1)］，其位置超调量为 0。

测量位置超调量时，机器人以"位姿准确度"中相同的循环方式在试验负载和试验速度下运行。位置超调量等于超出测量点 P_1 的移动距离。超调量应测量 3 次，计算 3 次中的最大值（见图 2-16）。

$$OV = \max OV_j \tag{2-31}$$

$$OV_j = \max D_{ij}, \quad 若 \max D_{ij} > 门限带$$
$$OV_j = 0, \quad 若 \max D_{ij} \leqslant 门限带 \tag{2-32}$$

$$\max D_{ij} = \max \sqrt{(x_{ij}-x_j)^2+(y_{ij}-y_j)^2+(z_{ij}-z_j)^2} \quad i=1,2,\cdots,m \tag{2-33}$$

式中：i 表示机器人进入门限带后测量的采样点号。

对于某些特殊应用，OV 也可用其分量 OV_x、OV_y、OV_z 来表示。

表 2-16 汇总了位置超调量试验条件。

表 2-16   位置超调量试验条件

负载	速度	位姿	循环次数/次
100%额定负载	100%额定速度 50%额定速度 10%额定速度	P_1	3
额定负载降至 10%（选用）	100%额定速度 50%额定速度 10%额定速度		

2.8　位姿特性漂移

位姿特性漂移包含位姿准确度漂移(dAP)及位姿重复性漂移(dRP)。

位姿准确度漂移是在指定的时间(T)内位姿准确度的变化,其计算公式如下:

$$dAP_p = |AP_{pt=1} - AP_{pt=T}| \tag{2-34}$$

$$dAP_a = |AP_{at=1} - AP_{at=T}| \tag{2-35}$$

$$dAP_b = |AP_{bt=1} - AP_{bt=T}| \tag{2-36}$$

$$dAP_c = |AP_{ct=1} - AP_{ct=T}| \tag{2-37}$$

指令位姿应在冷态下示教;在试验报告中记录最大值。

位姿重复性漂移是在指定时间 T 内位姿重复性的变化,其计算公式如下:

$$dRP_p = |RP_{pt=1} - RP_{pt=T}| \tag{2-38}$$

$$dRP_a = |RP_{at=1} - RP_{at=T}| \tag{2-39}$$

$$dRP_b = |RP_{bt=1} - RP_{bt=T}| \tag{2-40}$$

$$dRP_c = |RP_{ct=1} - RP_{ct=T}| \tag{2-41}$$

在试验报告中记录最大值。

表 2-17 给出了位姿特性漂移试验条件的汇总。

表 2-17　位姿特性漂移试验条件

负载	速度	位姿	循环次数
100%额定负载	100%额定速度 50%额定速度 10%额定速度	P_1	8h 连续循环

漂移测量应从冷态(打开主电源时)开始,并在热机状态下持续数小时。

测量应遵循下述操作顺序:

①上电进行试验循环编程;

②关闭机器人电源 8h;

③重新启动机器人并开始程序的自动循环。

❖　测量循环:被编程的机器人其机械接口从 P_2 开始运行到 P_1。当从 P_1 返回 P_2(10次)时,所有关节都必须运动。

❖　热机循环:当从 P_1 返回到 P_2(10min)时,所有关节应以最大可能的速度在其全程70%的范围内运动(见表 2-17),见图 2-17 的流程图。对于特殊的应用可选择不同的值。

测量中若连续五次测量漂移(dAP)的变化率小于第 1 小时内的最大漂移变化率的10%,则可以提前结束测量,不用等到 8 小时结束。用测量值计算位姿准确度和重复性,所得的结果作为时间的函数制作图表。两个测量循环间的时间应是 10min(热机程序见图 2-17 和图 2-18)。

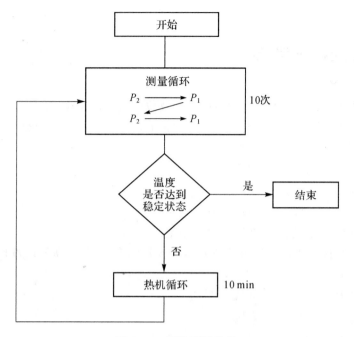

图 2-17 漂移测量流程

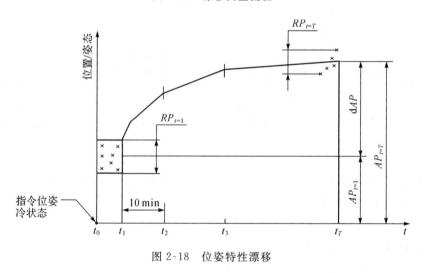

图 2-18 位姿特性漂移

2.9 互换性

定义:互换性(E)表示在相同环境条件、机械安装和使用相同作业程序的情况下,更换同一型号的机器人时集群中心的偏差。

E 值是试验中偏差最大的两个机器人集群中心间的距离(见图 2-19)。

互换性是由于机械公差、轴校准误差和机器人安装误差形成的。

互换性试验的试验位姿应是 P_1、P_2、P_3、P_4 和 P_5,且对所有被测机器人均应相同。

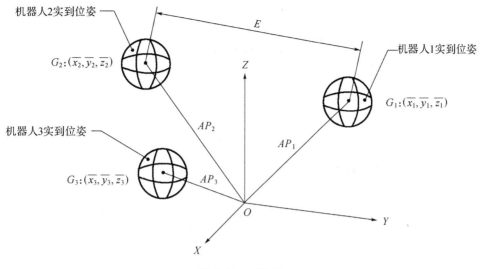

图 2-19　互换性

五个点的指令位姿应用第一台机器人设定,在测试其他机器人时应保持不变。

试验在 100% 额定负载和 100% 额定速度下进行,并应在 5 台同型号的机器人上进行试验。

表 2-18 给出了互换性试验条件汇总。

表 2-18　互换性试验条件

负载	速度	位姿	每台机器人循环次数/次	机器人台数/台
100% 额定负载	100% 额定速度	$P_1 \rightarrow P_2 \rightarrow P_3 \rightarrow P_4 \rightarrow P_5$	30	5

第一台机器人应安装在制造商指定的安装场所。对于 P_1、P_2、P_3、P_4 和 P_5 各点,应以相同的参照坐标系来计算各集群中心。

其他各台机器人的位置准确度(AP_{P_j})的计算,可采用相同的机械安装基础,保持测量系统固定不变并使用相同的作业程序。

互换性的计算公式如下:

$$E = \max \sqrt{(x_h - x_k)^2 + (y_h - y_k)^2 + (z_h - z_k)^2} \quad h,k = 1,2,\cdots,5 \quad (2\text{-}42)$$

注:试验可用同一机器人控制器进行,根据制造商的规定使用各操作机(见 ISO 8373—2012 或 GB/T 12643—2013)的校准数据。

2.10　轨迹准确度和轨迹重复性

2.10.1　概　述

轨迹准确度和重复性的定义与轨迹形状无关。图 2-20 给出了轨迹准确度与重复性的一般性说明。

以下所述的轨迹特性适用于所有的编程方法。

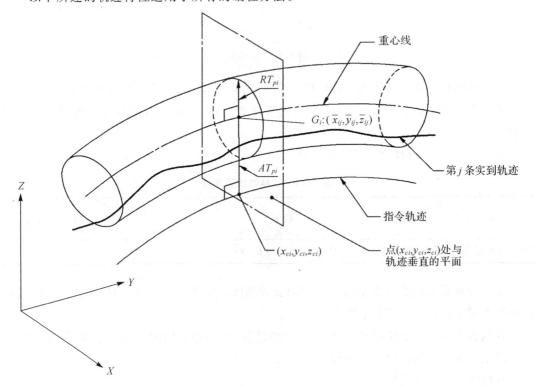

图 2-20　对某一条指令轨迹的轨迹准确度与轨迹重复性

2.10.2　轨迹准确度

定义:轨迹准确度(AT)表示机器人在同一方向上沿指令轨迹 n 次移动其机械接口的能力。

轨迹准确度由下述两个因素决定:

①指令轨迹的位置与各实到轨迹位置集群的中心线之间的偏差(即位置轨迹准确度 AT_p,见图 2-16);

②指令姿态与实到姿态平均值之间的偏差（即姿态轨迹准确度）。

轨迹准确度是在位置和姿态上沿所得轨迹的最大轨迹偏差。

位置轨迹准确度 AT_p 定义为指令轨迹上一些（m 个）计算点的位置与 n 次测量的集群中心 G_i 间的距离最大值。

位置轨迹准确度由下式计算：

$$AT_p = \max \sqrt{(\bar{x}_i - x_{ci})^2 + (\bar{y}_i - y_{ci})^2 + (\bar{z}_i - z_{ci})^2} \qquad (2\text{-}43)$$

式中：$\bar{x}_i = \dfrac{1}{n}\sum_{j=1}^{n} x_{ij}$；$\bar{y}_i = \dfrac{1}{n}\sum_{j=1}^{n} y_{ij}$；$\bar{z}_i = \dfrac{1}{n}\sum_{j=1}^{n} z_{ij}$。

计算 AT_p 时，应该考虑下述因素：

① 根据指令轨迹形状与试验速度，沿指令轨迹选择一些计算点及相应的正交平面，所选正交平面数应在试验报告中说明；

② x_{cj}、y_{cj} 和 z_{cj} 是在指令轨迹上第 i 点的坐标；

③ x_{ij}、y_{ij} 和 z_{ij} 是第 j 条实到轨迹与第 i 个正交平面交点的坐标。

姿态轨迹准确度 AT_a、AT_b 和 AT_c 定义为沿轨迹线上与指令姿态的最大偏差。

$$AT_a = \max |\bar{a}_i - a_{ci}| \qquad i = 1,\cdots,m \qquad (2\text{-}44)$$

$$AT_b = \max |\bar{b}_i - b_{ci}| \qquad i = 1,\cdots,m \qquad (2\text{-}45)$$

$$AT_c = \max |\bar{c}_i - c_{ci}| \qquad i = 1,\cdots,m \qquad (2\text{-}46)$$

式中：$\bar{a}_i = \dfrac{1}{n}\sum_{j=1}^{n} a_{ij}$；$\bar{b}_i = \dfrac{1}{n}\sum_{j=1}^{n} b_{ij}$；$\bar{c}_i = \dfrac{1}{n}\sum_{j=1}^{n} c_{ij}$。

a_{ci}、b_{ci}、c_{ci} 是点（x_{ci}、y_{ci}、z_{ci}）处的指令姿态；a_{ij}、b_{ij}、c_{ij} 是点（x_{ij}，y_{ij}，z_{ij}）处的指令姿态。

表 2-19 给出了轨迹准确度试验条件的汇总。

表 2-19　轨迹准确度试验条件

负载	速度	位姿	循环次数／次
100% 额定负载	100% 额定速度 50% 额定速度 10% 额定速度	直线轨迹 $E_1 \rightarrow E_3$	10
额定负载降至 10% （选用）	100% 额定速度 50% 额定速度 10% 额定速度	圆形轨迹 大圆和小圆	

在与指令轨迹垂直的平面上计算轨迹准确度时，实到轨迹可作为距离或时间的函数进行测量。

编程时，循环的起点与终点应位于所选测试轨迹之外。

2.10.3　轨迹重复性

定义：轨迹重复性（RT）表示机器人对同一指令轨迹重复 n 次时实到轨迹的一致程度。

对某一给定轨迹跟踪 n 次,轨迹重复性可表示为:

①RT_p 等于以式(2-47)计算的在正交平面内且圆心在集群中心线上圆的半径 RT_{pi} 的最大值(见图 2-20);

② 在不同计算点处围绕平均值的最大角度散布。

轨迹重复性由下式计算:

$$RT_p = \max RT_{pi} = \max[\bar{l}_i + 3S_{li}] \tag{2-47}$$

其中,

$$\bar{l}_i = \frac{1}{n} \sum_{j=1}^{n} l_{ij}$$

$$S_{ij} = \pm 3 \sqrt{\frac{\sum_{j=1}^{n} (l_{ij} - \bar{l}_i)^2}{n-1}}$$

$$l_{ij} = \sqrt{(x_{ij} - \bar{x}_i)^2 + (y_{ij} - \bar{y}_i)^2 + (z_{ij} - \bar{z}_i)^2}$$

$$RT_a = \max \sqrt[3]{\frac{\sum_{j=1}^{n} (a_{ij} - \bar{a}_i)^2}{n-1}} \qquad i = 1, \cdots, m$$

$$RT_b = \max \sqrt[3]{\frac{\sum_{j=1}^{n} (b_{ij} - \bar{b}_i)^2}{n-1}} \qquad i = 1, \cdots, m$$

$$RT_c = \max \sqrt[3]{\frac{\sum_{j=1}^{n} (c_{ij} - \bar{c}_i)^2}{n-1}} \qquad i = 1, \cdots, m$$

轨迹重复性应该用与轨迹准确度相同的试验步骤来测量。

对于特殊应用,RT 也可用其分量 RT_x、RT_y、RT_z 来表示。

2.11　重复定向轨迹准确度

为了以简便方法表示在一条直线轨迹上沿三个方向交替变换姿态的影响,可仅测量位置轨迹准确度(AT_p),采用下述试验,如图 2-21 所示。

在图 2-21 的试验平面 $E_1 E_2 E_3 E_4$ 内,应像图 2-6 一样等距标记好另一些点 $P_6, \cdots, P_9$。为了确定姿态,应建立一个坐标系,其 X_n、Y_n 面平行于所选择的 $E_1 E_2 E_3 E_4$ 平面,直线轨迹 P_6,$\cdots, P_9$ 平行于 Y_n 轴。

从起点 P_6 至 P_9 或从 P_9 返回至 P_6 时,工具中心点(TCP)应以恒定速度跟踪轨迹。在图 2-21 所述的区域中,姿态应连续改变,不要在 $P_6, \cdots, P_9$ 点停顿。速度与负载见表 2-20。

重复定向轨迹准确度的计算类似于轨迹准确度的计算。

表 2-20 给出了重复定向轨迹准确度试验条件的汇总。

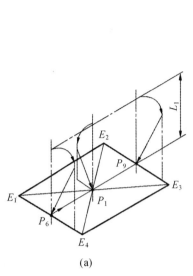 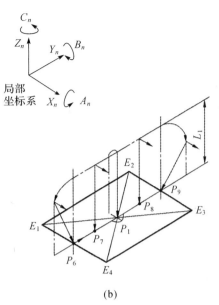

(a)

绕 Y_n 轴改变姿态的说明

P_6（起点）处，	B_n 角 $+30°$
P_6 至 P_1，	B_n 角 $-30°$
P_1 至 P_9，	B_n 角 $+30°$

(b)

绕 X_n、Z_n 轴改变姿态的说明

P_6（起点）处，	A_n 角 $+30°$
P_6 至 P_7，	A_n 角 $+0°$
P_7 至 P_1，	C_n 角 $-30°$
P_1 至 P_8，	C_n 角 $0°$
P_8 至 P_9，	A_n 角 $-30°$

图 2-21　改变姿态的说明

表 2-20　重定向轨迹准确度试验条件

负载	速度	位姿	循环次数／次
100％ 额定负载	100％ 额定速度 50％ 额定速度 10％ 额定速度	线轨迹 $P_6 \rightarrow P_9$	10
额定负载降至 10％（选用）	100％ 额定速度 50％ 额定速度 10％ 额定速度		

2.12　拐角偏差

拐角偏差通常可分为两类：尖锐拐角和圆滑拐角。

为了得到尖锐拐角，必须允许改变速度，以保持对轨迹的精确控制。一般来说，这样会导致较大的速度变动。因此，为了维持稳定的速度，就需要圆滑拐角。

当机器人按程序设定的恒定轨迹速度无延时地从第一条轨迹转到与之垂直的第二条轨迹时，便会出现尖锐拐角偏差。

拐角附近的速度变化取决于控制系统的类型,应在试验报告中予以记录(在某种情况下,速度的下降可达到所用试验速度的 100%)。

为防止过大的超调并使机构的变形保持在一定的限度内,可用圆滑拐角。不同的控制系统可以用编制程序或自动采用一些独立的轨迹,如给定半径或样条函数(平滑方法)。在此情况下,不希望速度下降,若不另外说明,速度的下降应控制在所用试验速度的 5% 以内。

若编程中使用了平滑方法,应在试验报告中说明。

2.12.1　圆角误差

定义:圆角误差(CR)为连续三次测量循环计算所得的最大值。对于每一次循环,拐角点(图 2-22 中的 x_e、y_e、z_e)与实到轨迹间的最小距离按以下公式计算:

$$CR = \max CR_j \qquad j = 1, 2, 3 \tag{2-48}$$

$$CR_j = \min \sqrt{(x_i - x_e)^2 + (y_i - y_e)^2 + (z_i - z_e)^2} \qquad i = 1, \cdots, m \tag{2-49}$$

式中:x_e、y_e、z_e 是指令拐角点的坐标值;x_i、y_i、z_i 是实到轨迹上的指令拐角附近第 i 个点的坐标值。

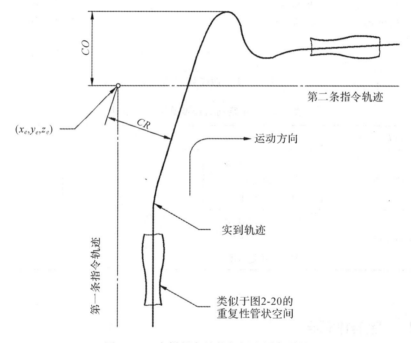

图 2-22　尖锐拐角处的超调和圆角误差

2.12.2　拐角超调

定义:拐角超调(CO)为连续三次测量循环计算所得的最大值。对于每一次循环,是计算机器人不减速地以设定的恒定轨迹速度进入第二条轨迹后偏离指令轨迹的最大值。

如第二条指令轨迹沿 Z 轴方向定义,且第一条指令轨迹在 Y 轴负方向,则拐角超调由下式计算:

$$CO = \max CO_j \qquad j = 1, 2, 3 \tag{2-50}$$

$$CO_j = \min \sqrt{(x_i - x_{ci})^2 + (y_i - y_{ci})^2} \qquad i = 1, \cdots, m \tag{2-51}$$

式中:x_{ci}、y_{ci} 是指令轨迹上对应于 z_{ci} 的坐标;x_i、y_i 是实到轨迹上对应于 z_i 点的坐标。

此公式仅当 $(y_i - y_{ci})$ 为正时才是正确的,若 $(y_i - y_{ci})$ 为负,则不存在拐角超调。

2.12.3　一般试验条件

表 2-21 汇总了拐角偏差试验条件。

表 2-21　拐角偏差试验条件

负载	速度	拐角	循环次数 / 次
100% 额定负载	100% 额定速度 50% 额定速度 10% 额定速度	$E_1 \to E_2 \to E_3 \to E_4$ (见图 2-6)	3

起始位置应在 E_1 与 E_4 的中点。四个拐角均应测量。应采用连续轨迹编程以得到矩形指令轨迹。当实现轨迹时,任何自动的速度下降均应按照制造商的规定,且应在试验报告中说明。

若不另外说明,姿态是垂直于矩形轨迹平面的。

拐角超调可以由测量指令轨迹与每条已测的轨迹偏差来计算。为了确定指令轨迹,拐角点位置既可以在示教编程的示教过程中测量,也可以从人工输入数据中得知。

CR 与 CO 的指标应在相同的测量步骤中测量,任何程序的变动(如尖锐拐角、平滑)都应在试验报告中说明。

2.13　轨迹速度特性

2.13.1　一般说明

机器人轨迹速度的特性可分为下述三项指标:
① 轨迹速度准确度(AV);
② 轨迹速度重复性(RV);
③ 轨迹速度波动(FV)。
图 2-23 表示了这些指标的理想化图形。
表 2-22 给出了轨迹速度特性试验条件的汇总。

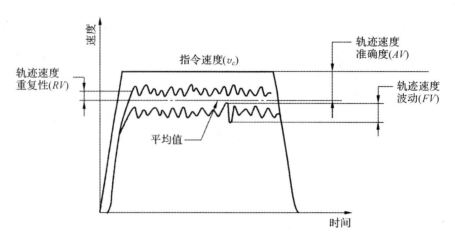

图 2-23　轨迹速度特性

表 2-22　轨迹速度特性试验条件

负载	速度	循环次数／次
100％ 额定负载	100％ 额定速度 50％ 额定速度 10％ 额定速度	10
额定负载降至 10％（选用）	100％ 额定速度 50％ 额定速度 10％ 额定速度	10

当轨迹有较大的速度波动出现时，作为时间函数所进行的重复测量，必须参照指令轨迹上同一空间点来进行。

测量应在位于试验轨迹长度中部稳定速度段且在 50％ 长度上进行。

轨迹速度特性应该在与测试轨迹准确度相同的直线轨迹上进行测量。计算 AV、RV 与 FV，所用的循环次数 $n = 10$。

2.13.2　轨迹速度准确度

轨迹速度准确度（AV）是指令速度与沿轨迹进行 n 次重复测量所获得的实到速度平均值之差。可用指令速度的百分比表示。轨迹速度准确度可按下式计算：

$$AV = \frac{\bar{v} - v_c}{v_c} \times 100\% \tag{2-52}$$

其中，

$$\bar{v} = \frac{1}{n} \sum_{j=1}^{n} \bar{v}_j i$$

$$\bar{v}_j = \frac{1}{m} \sum_{i=1}^{n} \bar{v}_{ij}$$

式中：v_c 为指令速度；v_{ij} 为第 j 次测量第 i 点处的实到速度；m 为沿轨迹测量的次数。

2.13.3　轨迹速度重复性

轨迹速度重复性(RV)是对于同一指令速度所得实到速度的一致程度。

如不另外说明,轨迹速度重复性应以指令速度的百分比来表示。

$$RV = \pm \left(\frac{3S_v}{v_e} \times 100\% \right) \tag{2-53}$$

其中,

$$S_v = \sqrt{\frac{\sum\limits_{j=1}^{n} (\overline{v}_j - \overline{v})^2}{n-1}}$$

轨迹速度重复性应采用与轨迹速度准确度一样的试验步骤进行测量。

2.13.4　轨迹速度波动

轨迹速度波动(FV)是再现一种指令速度的过程中速度的最大变化量。

轨迹速度波动定义为每次指令再现时速度波动的最大值。

$$FV = \max \left[\max_{i=1}^{m} (v_{ij}) - \min_{i=1}^{m} (v_{ij}) \right] \tag{2-54}$$

轨迹速度波动应采用与轨迹速度准确度一样的试验步骤进行测量。

2.14　最小定位时间

定位时间是机器人在点位控制方式下从静态开始移动一定距离和(或)摆动一定角度到达稳定状态所经历的时间。机器人稳定于实到位姿所用的时间包含于总的定位时间内。

如不另外说明,机器人以规定的最小定位时间在测试位姿间运动时,应能得到规定的位置准确度与重复性。

定位时间与运动距离没有线性关系。

注:机器人的定位时间有助于确定循环时间,但不是其中唯一的因素。因此,从定位时间的测量结果可以大概表示循环时间的长短,但不能用来直接计算循环时间。

试验时,机械接口的负载与速度和位姿特性的试验一样。

若想得到较短的定位时间,试验所用的速度为 100% 额定速度,且试验应在循环每一部分的最佳速度下进行。所用的速度应在试验报告中说明。

试验的循环次数是 3 次。

表 2-23 和表 2-24 给出了最小定位时间试验条件的汇总。

表 2-23 最小定位时间的试验位姿与距离

位姿/mm	P	P_{l+1}	P_{l+2}	P_{l+3}	P_{l+4}	P_{l+5}	P_{l+6}	P_{l+7}
与前一位姿的距离 ($D_x=D_y=D_z$)	0	10	20	50	100	200	500	1000

表 2-24 最小定位时间的试验条件

负载	速度	轨迹形状	循环次数/次
100%额定负载	100%额定速度 最佳速度	$P_l \rightarrow P_{l+1} \rightarrow P_{l+2} \rightarrow P_{l+3} \rightarrow P_{l+4}$ $\rightarrow P_{l+5} \rightarrow P_{l+6} \rightarrow P_{l+7}$ (见表 2-23)	3
额定负载降至 10% (选用)	100%额定速度 最佳速度		

为了在定位时间测量中有较短的距离,在立方体对角线上,由程序或示教设定一系列位姿。相邻位姿间的距离分量 $D_x=D_y=D_z$ 之值符合表 2-23 中所示的数列(见图 2-24)。

位姿的个数与距离取决于所选的立方体大小。

对于每一个运动过程,计算三次循环的平均值,列表给出结果和位姿间的距离。

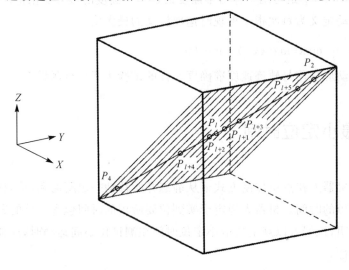

图 2-24 循环的图示

2.15 静态柔顺性

定义:静态柔顺性是在单位负载作用下最大的位移。

应在机械连接处加载并测量位移,静态柔顺性应在机座坐标系下以"毫米每牛顿(mm/N)"为单位来表示。

试验中所用的力应加在平行于机座坐标轴的三个方向上,既有正也有负。

力应以 10% 额定负载逐步增加到 100% 额定负载,每次一个方向。对于每个力和方向,测量相应的位移。

应在伺服系统通电、制动器脱开的情况下进行测量。

每个方向上重复测量三次,试验应在位于 P_1 的机械接口的中心点处进行。

2.16 摆动偏差

摆动是轨迹上一个或多个运动的组合,主要用于弧焊。机器人的摆动偏差特性可分为两个指标:摆幅误差(WS)和摆频误差(WF)。

2.16.1 摆动试验轨迹

图 2-25 所示的轨迹是锯齿状摆动轨迹,由指令摆幅 S_c 和以指令摆频 F_c 完成的摆动距离 WD_c 产生,二者由制造商给定。在图 2-5 与图 2-6 中的所选平面内,以 P_1 为对称点,中线平行于 P_2P_3,至少应有 10 次摆动。

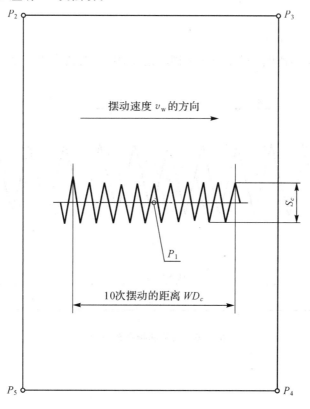

图 2-25 在所选平面内的摆动试验轨迹

2.16.2　摆幅误差

以百分比表示的摆幅误差（WS）应由测得的实到摆幅平均值 S_a 与指令摆幅 S_c 之间的偏差计算而得，见图 2-26，其可按下式计算：

$$WS = \frac{S_a - S_c}{S_c} \times 100\% \tag{2-55}$$

2.16.3　摆频误差

以百分比表示的摆频误差（WF）应由测得的实际摆频 F_a 与指令摆频 F_c 之间的偏差来计算，可按下式进行计算：

$$WF = \frac{F_a - F_c}{F_c} \times 100\% \tag{2-56}$$

其中，

$$F_a = 10 \times \frac{WV_a}{10WD_a}$$

$$F_c = 10 \times \frac{WV_c}{10WD_c}$$

式中：WV_c 为指令摆动速度；WV_a 为实际摆动速度；WD_c 为指令摆动距离；WD_a 为实际摆动距离的平均值。

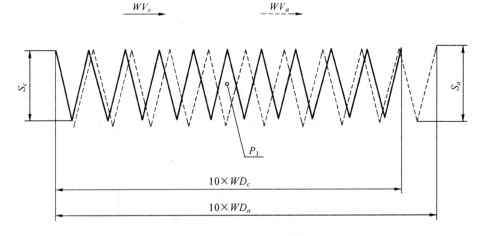

图 2-26　实际和指令摆动轨迹

【参考文献】

1. GB/T 12642—2013/ISO 9283:1998《工业机器人 性能规范及其试验方法》.

2. 杨书评，刘颖. 机器人标准化领域研究进展和趋势[J]. 科技导报，2015，33(23)：

116-119.

3. 宋月超，蔡永洪，唐小军，等. 工业机器人标准现状分析[J]. 工业计量，2016，26（1）：65-68.

4. 全国自动化系统与集成标准化技术委员会. ［EB/OL］.（2019-03-06）［2019-03-06］. http://www. chinatc159riamb. com.

5. TECHNICAL COMMITTEES ISO/TC 299 ROBOTICS. ［EB/OL］.（2019-03-10）［2019-03-10］. https://www. iso. org/committee/5915511. html.

第3章 工业机器人性能测量技术

在上一章中,我们主要依据 GB/T 12642—2013(对标 ISO 9283:1998)对工业机器人性能指标进行了定义及分析,并对相关的测试条件与检测方法等方面进行了解释说明。在本章中,我们将在 3.1 节简单介绍各种适用于工业机器人性能测量的方法及技术,随后在 3.2 节着重介绍目前最常用的基于激光跟踪仪的测量技术。

3.1 工业机器人性能测量技术概述

目前,已有多种方法被开发并用于工业机器人的性能测量及评价,其主要分类如下。

3.1.1 试验探头法

可使用有足够数量的位移或接近传感器的探头来测量实到位姿特性,探头由机器人放置,以便缓慢地接触位于规定位置的精密样标来测量位姿特性或在其附近测量可能的超调。图 3-1 为典型配置的示意图。图 3-2 说明了该方法的某些其他应用。根据所需的位姿参数的数目,有数种形式的样标和探头相互配合。

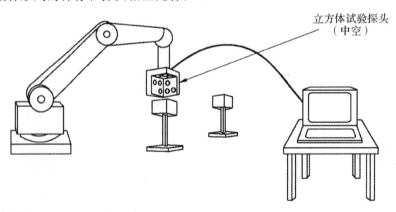

图 3-1　试验探头法(立方体制品)

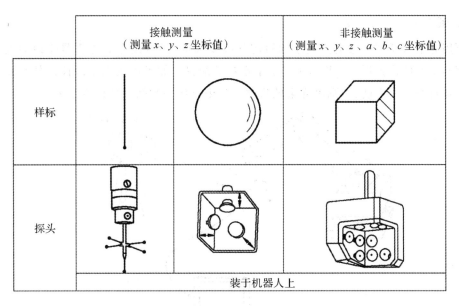

接触测量 （测量 x、y、z 坐标值）		非接触测量 （测量 x、y、z、a、b、c 坐标值）
样标		
探头		
装于机器人上		

图 3-2　放置试验探头方法中的制品

3.1.2　轨迹比较法

1. 机械量具比较法

本方法把实到轨迹与指令轨迹相比较，该指令轨迹可能由直线段或圆弧线段组合而成。所述轨迹用精密的机械量具或其他位置参照构件来确定。图 3-3 说明了该方法的设备布置，接近（觉）传感器安装在角形探头上，而量具的直棱表示指令轨迹。完成该轨迹过程中产生的偏差由适当数量的传感器感知，并用于确定实到轨迹的特性参数（准确度和重复性）。当使用足够多的传感器时，还可确定位姿偏差（位置和姿态）。

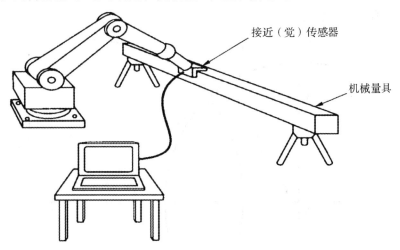

接近（觉）传感器

机械量具

图 3-3　机械量具比较法

2. 激光束轨迹比较法

可用光电传感器测量沿激光束的轨迹准确度和重复性,该光电传感器能检测入射光束对传感器中心的位置误差。图 3-4 显示了系统的配置。如果用激光干涉仪代替激光源且光电传感器具有光反射能力,则沿光束的机器人位姿可作为时间函数计算出来。

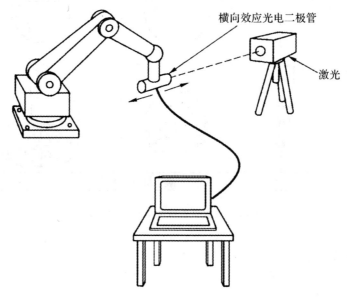

图 3-4 激光束轨迹比较法

3.1.3 三边测量法

三边测量法是确定三维空间中 P 点直角坐标(x,y,z)的一种方法,该方法应用的是 P 点与 3 个观察点之间的距离以及 3 个固定观察点之间的基线长度。图 3-5 解释了以二维平面表示的三边测量法的原理。

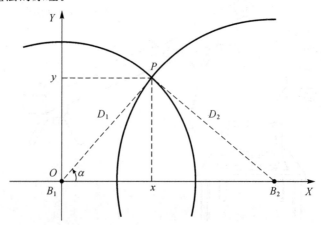

图 3-5 三边测量法的测量原理(表示的是二维平面)

1. 多激光跟踪干涉仪法

本方法使用由 3 个具有两轴伺服跟踪的激光干涉仪产生的 3 束激光瞄准装在机器人手腕上的公共靶标。图 3-6 所示为系统配置。三维空间中的机器人位置特性可根据 3 个干涉仪得到的距离数据来确定。如果使用 6 个干涉仪,6 束激光瞄准机器人上的 3 个独立靶标,就可以测得机器人的姿态。

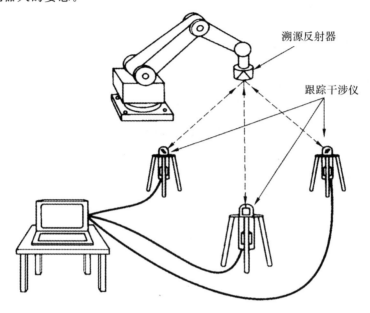

溯源反射器

跟踪干涉仪

图 3-6　多激光跟踪干涉仪法

2. 超声三边测量法

机器人在三维空间中的位置可用 3 个固定的超声话筒得到的距离数据计算出来,超声话筒接收装在机器人上的声源发出的超声脉冲串。如图 3-7 所示为系统配置。

如果机器人有 3 个独立的声源,并且每个话筒能检测来自 3 个声源的脉冲串,就能测出机器人的姿态。

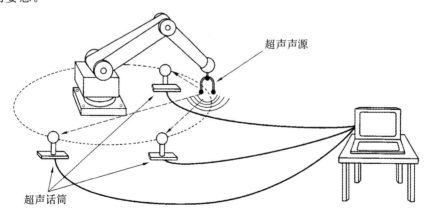

超声声源

超声话筒

图 3-7　超声三边测量法

3. 钢索三边测量法

本方法把从 3 个固定供索器拉出的 3 根钢索连接于机器人的末端,如图 3-8 所示。用装有张紧装置的供索器上的电位计或编码器计算每根钢索的长度,就可以确定机器人末端的位置。

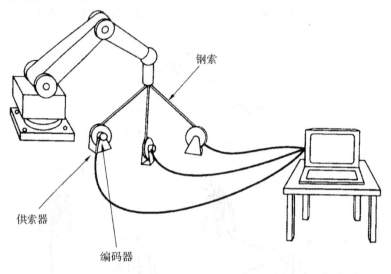

图 3-8　钢索三边测量法

3.1.4　极坐标测量法

如图 3-9 所示,测量出距离 D、方位角 α 和俯仰角 β,就可用极坐标测量法确定空间中一点的直角坐标 (x, y, z)。

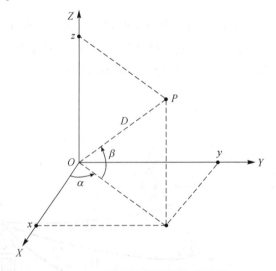

图 3-9　三维极坐标测量法的原理

1. 单激光跟踪干涉仪法

单激光跟踪干涉仪可用于测量机器人的位置或姿态。图 3-10 表示用于位置测量的单激光跟踪干涉仪法的典型配置。机器人的位置可用激光干涉仪得到的距离数据和固定跟踪系统得到的方位角/俯仰角数据计算出来,固定跟踪系统瞄准安装在机器人末端的溯源反射器。

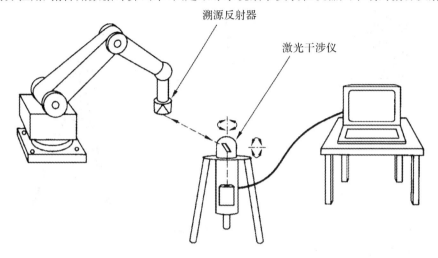

图 3-10　用于位置测量的单激光跟踪干涉仪法

如果溯源反射器系统能始终使自己的光轴指向固定跟踪系统,或者如果固定跟踪系统能分析由溯源反射器反射的衍射图像,则用同样的系统(如图 3-11 所示)也可以测量机器人的方位角(俯仰及偏转角)。此方法可用于测试 6 自由度机器人。

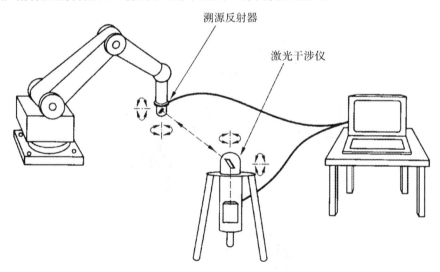

图 3-11　用于位姿测量的单激光跟踪干涉仪法

2. 单总站法(静态/跟踪)

用固定的总站(能测量距离、方位角及俯仰角),可逐点地测量机器人的实到位置。

机器人的实到位姿或实到轨迹也可用跟踪的总站测量,总站要始终跟踪装在机器人上的移动的溯源反射器。图 3-12 表示该系统的典型配置。

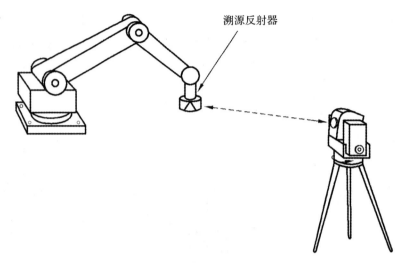

图 3-12　单总站法（跟踪）

3. 直线标尺法

机器人的位置与时间的关系可用直线标尺得到的距离及方位角/俯仰角数据测量。

在如图 3-13 所示的直线标尺法中，直线标尺的上端与机器人相连，测量该上端和直线标尺与编码器连接点之间的距离。

用一个水平运动的编码器和另一个垂直运动的编码器来获取指向直线标尺上端的方位角/俯仰角数据。

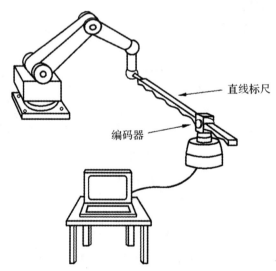

图 3-13　直线标尺法

3.1.5　三角测量法

三角测量法可用于确定点在空间中的位置。在二维的三角测量中，P 点的直角坐标 $(x,$

y)(见图 3-14)可用基线长度 B_1B_2 及两个方位角 α_1、α_2 来确定。

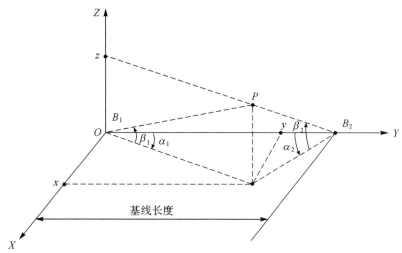

图 3-14 三角测量法的测量原理

1. 光学跟踪三角测量法

这种方法用两个二轴光学跟踪系统得到的两组方位角/俯仰角数据确定机器人的位置与时间关系。因此,这种方法可用于静态和动态测量。图 3-15、图 3-16 及图 3-17 显示 3 个常用的光学跟踪三角测量系统的典型配置。

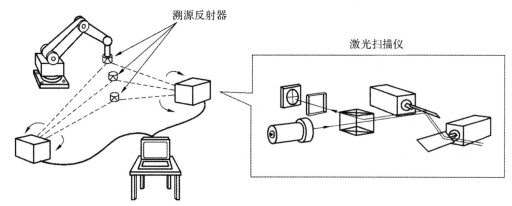

图 3-15 激光跟踪三角测量系统

在图 3-15 所示的激光跟踪系统中,两个跟踪系统发出的两束光始终瞄准安装在机器人末端上的反射器。图 3-16 所示的激光扫描方法是确定机器人位置的另一种方法,它检测装在机器人上的靶标的入射光,入射光来自三个激光扫描仪,两个扫描仪发出垂直的行结构光,而第 3 个扫描仪发出水平的行结构光。

如果两个激光结构光束(十字形)跟踪在相邻侧面上装有两个 CCD 环形传感器的立方体测头(见图 3-17),就可计算出机器人的姿态。

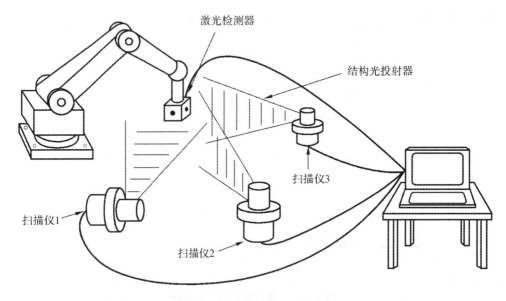

图 3-16　激光扫描三角测量系统

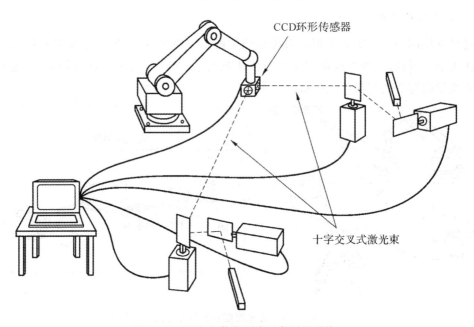

图 3-17　CCD 和激光跟踪三角测量系统

2. 光学经纬仪法

用两个(或更多个)固定的光学经纬仪,使它们的光束瞄准安装在机器人末端的靶标,就能用两组方位角/俯仰角数据确定机器人的实到位置。图 3-18 所示为典型的配置。如果机器人上有多个靶标,就能计算出其姿态。手动光学经纬仪是手动操作的,通常仅用于静态测量。

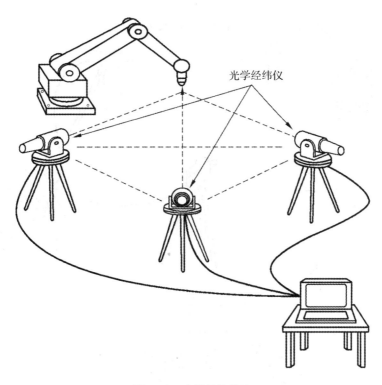

图 3-18 光学经纬仪法

3. 光学相机法

用两个成像装置(一维或二维)获取的图像确定机器人位置与时间的关系。

如果多个光源或靶标安装在被成像装置监测的机器人上,就可以确定机器人的姿态与时间的关系。

测量时,机器人上的光源顺序开启,这样就可知道图像来自于哪个光源。

此方法使用相隔已知距离的两个固定成像装置(相机)。图 3-19 所示是该系统的典型配置。相机监测固定在机器人末端上的发光靶标,使用位置传感器(或 CCDs)确定靶标在相机坐标系中的位置。根据这个信息和相机之间的距离可以确定靶标的位置。

3.1.6 惯性测量法

如果已知机器人的初始状态,利用安装在机器人上的 3 个伺服加速度传感器和 3 个陀螺仪,不用任何外部观察装置,就能在空间的三个方向上测量机器人的位姿特性和轨迹特性。图 3-20 所示是这种系统的典型配置。

3.1.7 坐标测量法(直角坐标)

1. 二维数字化法

机器人的平面位置可用安装在机器人上的高分辨率相机测量成 $X\text{-}Y$、$Y\text{-}Z$、$Z\text{-}X$ 坐标值。典型的系统配置示于图 3-21 中。相机对平板上的高精度刻线进行计数,这些高精度刻线构

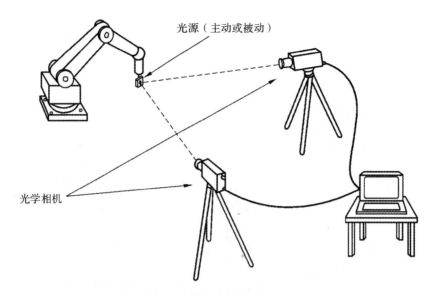

图 3-19　光学相机法

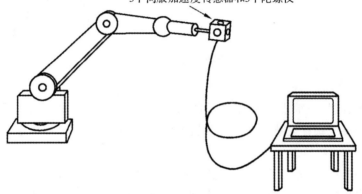

图 3-20　惯性测量法

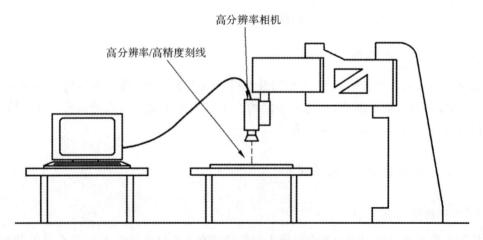

图 3-21　二维数字化法 1

成测试平面的线条。

在有限区域内的机器人平面位置可用干涉测量原理以亚微米分辨率测量。扫描头获取并分析十字网格板上的莫尔条纹,给出二维增量(见图 3-22)。

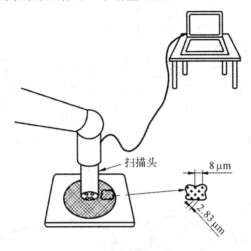

图 3-22　二维数字化法 2

用装在机器人上的数字化笔和作为测试平面的图形输入装置(见图 3-23),机器人的位置可被测量成 X-Y、Y-Z、Z-X 坐标值。此方法可用于点到点的标定或连续轨迹运动。因此,它可用于静态和动态测量。

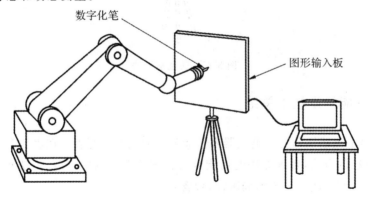

图 3-23　二维数字化法 3

2. 坐标测量机法

用坐标测量机获取机器人靶点坐标可测出机器人的实到位置(见图 3-24)。接触一个立方体靶标可获得 3 个或更多点的坐标值,从而可测出机器人的实到姿态。

3.1.8　轨迹描绘法

机器人的二维轨迹可用机械、电或喷墨笔记录在纸上。图 3-25 表示一个实例,它使用在传真机中用的放电纸。如果产生定时脉冲,就可测量机器人的速度特性。

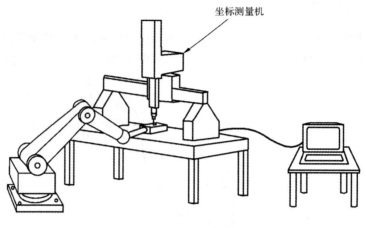

图 3-24　坐标测量机法

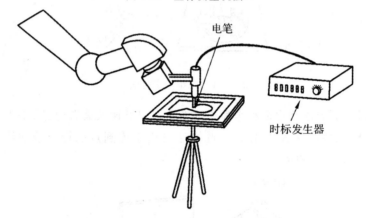

图 3-25　轨迹描绘法

3.1.9　性能测量技术总结

表 3-1 给出了上述推荐的 8 类机器人性能测量方法的一览表。在表 3-2 中,这些方法又被分为 16 种单独的方法,每种方法的功能也有详细说明。其中,有些方法可用于测量位姿和路径特性,但有些方法有一定的局限性,包含:

①在位姿特性试验中仅能测量位置(或姿态);

②仅能沿限定的指令(直线或圆形)路径测量路径特性;

③只能测试有限超调的机器人;

④对于一些特殊特性的测量,测试设备的准确度或不确定性可能不够;

⑤测量受限于测试设备的自由度数;

⑥相较于本标准规定的试验立方体,测试设备提供的测量空间可能有限;

⑦测试设备的取样频率可能不适合于要测量的机器人运动的最高频率。

因此,当规划机器人性能测量时,试验人员应与测试设备制造商讨论上述局限性。

表 3-2 是推荐方法的典型特性及功能的概要。建议在进行机器人试验前,试验人员应了解该机器人的性能并选择恰当的试验方法。

表 3-1　机器人性能特征的测量方法（引自 GB/T 12642—2013 表 NA.1）

测量方法	位姿准确度	位姿重复性	位姿准确度变动	距离准确度	距离重复性	位姿稳定时间	位姿超调	位姿特性漂移	最小定位时间	静态柔顺性	轨迹准确度	轨迹重复性	拐角偏差	轨迹速度特性
NA.4.1 试验探头法　立方体样标	□	○	○	○	○	○	○	○	○	○	—	—	—	—
球体样标	△	△	△	○	△	△	○	○	○	○	—	—	—	—
NA.4.2 轨迹比较法　12.4.2.1 机械量具比较法	△	△	△	—	—	—	△	△	—	—	△	△	—	—
12.4.2.2 激光束轨迹比较法	△	△	△	—	—	△	△	△	△	○	△	△	△	△
NA.4.3 三边测量法（距离）　12.4.3.1 多激光跟踪干涉仪法	◎	○	○	○	○	○	○	○	○	○	◎	○	○	○
12.4.3.2 超声三边测量法	△	△	△	△	△	○	△	△	○	○	△	△	△	△
12.4.3.3 钢索三边测量法	△	△	△	△	△	○	○	○	○	○	△	△	△	△
NA.4.4 极坐标测量法（距离—方位角）　12.4.4.1 单激光跟踪干涉仪法	◎	○	○	○	○	—	○	○	△	○	◎	○	△	△
12.4.4.2 单总站法—跟踪	◎	○	○	○	○	△	△	△	△	○	—	—	—	—
12.4.4.3 直线标尺法	△	△	△	△	△	○	○	○	—	○	△	△	△	△
NA.4.5 三角测量法（方位角—方位角）　12.4.5.1 光学跟踪三角测量法	◎	○	○	○	○	○	○	○	○	△	◎	○	—	○
12.4.5.2 光学经纬仪法	◎	○	○	○	○	○	○	○	○	○	—	—	—	—
12.4.5.3 光学相机法	◎	○	○	△	△	△	△	△	—	△	◎	△	—	○
NA.4.6 惯性测量法	□	△	△	○	△	△	△	○	○	○	□	○	—	△
NA.4.7 坐标测量法　12.4.7.1 二维数字化法	△	△	△	△	△	○	△	△	○	○	△	△	△	△
12.4.7.2 坐标测量机法	△	—	—	△	△	—	△	△	—	—	△	△	—	—
NA.4.8 轨迹描绘法	—	—	—	△	△	△	△	△	△	—	△	△	○	○

◎：这些系统具有测量系统本身和机器人机座坐标系的标定能力。这也意味着这些系统能测量绝对准确度（位姿、轨迹）和相对准确度（位姿、轨迹）。
□：这些系统仪器设备测量绝对准确度（位姿、轨迹）。
○：此方法可测试一般性能的机器人。
△：测量性能有一些局限性。
—：此方法不适于测试规范。
每种方法可测试的性能见表 3-2。

表3-2　机器人性能测量方法的典型测量性能(引自 GB/T 12642—2013 表 NA.2)

测量方法	分辨率	重复性	准确度	测量特性	最大轨迹速度	轨迹测量的取样速率
NA.4.1 试验探头法	0.01~1μm 视界的0.05%	0.001~0.01mm 视界的0.1%~1%	0.002~0.02mm	仅用于静态	—	—
NA.4.2.1 机械量具比较法	0.025~0.1mm	0.05~0.2mm	0.02mm	动态		
NA.4.2.2 激光束轨迹比较法	3μm	2μm	0.005~0.01mm	动态	10m/s	0.01ms/point
NA.4.3.1 多激光跟踪干涉仪法	0.16μm			动态	6m/s	10~100ms/point
NA.4.3.2 超声三边测量法	0.05~1mm	0.2~1mm	0.4~3mm	动态	5m/s	100~1000ms/point
NA.4.3.3 钢索三边测量方法	0.01mm	0.02mm	0.3mm	动态	6m/s	0.5ms/point
NA.4.4.1 单激光跟踪干涉仪法	0.6~5μm	0.005~0.02mm	0.005~0.05mm	动态	1m/s	0.01~500ms/point
NA.4.4.2 单总站法—跟踪	0.2mm 5arc sec*	3mm 10arc sec.		动态		500~3000ms/point
NA.4.4.3 直线标尺法	0.02mm	0.1mm	0.5~1mm			
NA.4.5.1 光学跟踪三角测量法	2arc sec 0.015%	5arc sec	10arc sec	动态	2m/s~10m/s	1ms/point
NA.4.5.2 光学经纬仪法	0.1~0.2arc sec	0.5~2arc sec	0.5~2arc sec 1mm	仅用于静态	—	—
NA.4.5.3 光学相机法	视场的0.0005%~0.025%	视场的0.001%~0.05%	视场的0.01%~0.75%	动态	10m/s	0.2~4ms/point
NA.4.6 惯性测量法	5μm	0.01mm	0.03mm	动态	5m/s	3ms/point
NA.4.7.1 三维数字化法	0.01~0.02mm	0.02~0.2mm	0.1~0.5mm	动态	0.5~3m/s	10~100ms/point
NA.4.7.2 坐标测量机(直角坐标)法	0.5μm	5μm	0.01mm	仅用于静态	—	—
NA.4.8 轨迹描绘法	0.2mm	0.2mm	0.2mm~0.5mm	动态		

注1：表中的数据来源于制造商提供的额定指标。对于性能要求的验证和局限性的说明应咨询制造商。

注2：如果存在特别安装在个别测量装置并在测量过程中维持整个测量系统的尺寸稳定性，此表中大多数重复性或准确度的数值是理论性能。

* 角度制单位，角秒(arc seconds, arcsec)。

3.2　基于单站激光跟踪仪的机器人性能测试系统

上一节主要介绍了机器人的各种性能测试方法及技术,本节主要介绍基于单基站激光跟踪仪的机器人性能测试系统——ARTS(Advanced Robot Testing System),该系统所依据的方法属于 3.1.4 小节中所述的"单总站法(跟踪)"。近年来,随着激光跟踪仪技术的成熟与应用,单总站法(跟踪)逐渐成为工业机器人性能测量的主流方法,得到了行业内广泛的认可。ARTS 正是基于此方法,并严格按照 GB/T 12642—2013(ISO 9283:1998)标准来对机器人性能进行测试。ARTS 可以对工业机器人的各项性能指标进行准确、全面、快速的测试,对测出的结果做分析,并迅速生成测试报告。

ARTS 如图 3-26 所示,主要包含:

①硬件系统:激光跟踪测量系统、数据采集系统等;

②软件系统:记录、分析和显示已获取测量数据的软件系统。

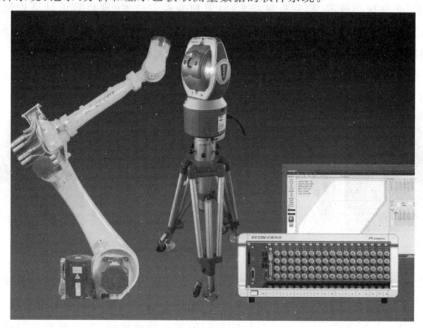

图 3-26　ARTS 组成

3.2.1　硬件系统:激光跟踪测量系统及其测量原理

激光跟踪仪(Laser Tracker)是一台以激光为测距手段并配以反射标靶的仪器,它同时配有绕两个轴转动的测角机构,形成一个完整球坐标测量系统(见图 3-27)。可以用它来测量静止目标,跟踪和测量移动目标或它们的组合。

激光跟踪测量系统是工业测量系统中一种高精度的大尺寸测量仪器。它集合了激光干

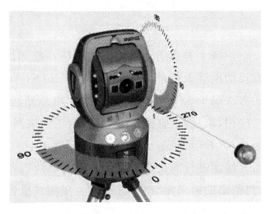

图 3-27　FARO 激光跟踪仪

涉测距技术、光电探测技术、精密机械技术、计算机及控制技术、现代数值计算理论等各种先进技术,对空间运动目标进行跟踪并实时测量目标的空间三维坐标。它具有高精度、高效率、实时跟踪测量、安装快捷、操作简便等特点,适合于大尺寸工件的配装测量。

　　激光跟踪测量系统基本都是由激光跟踪仪、控制器、用户计算机、反射器(靶镜)及测量附件(见图 3-28)等组成。

图 3-28　激光跟踪仪反射靶球及其测量附件

　　激光跟踪测量系统的工作基本原理是在目标点上安置一个反射器,跟踪头发出的激光射到反射器上,又返回到跟踪头,当目标移动时,跟踪头调整光束方向来对准目标。同时,返回光束为检测系统所接收,用来测算目标的空间位置。简单地说,激光跟踪测量系统所要解决的问题是静态或动态地跟踪一个在空间中运动的点,同时确定目标点的空间坐标。

　　ARTS 可完成大范围、高精度、6 自由度(degree of freedom,DOF)测量,且操作简单。其重要性能指标及具体参数如表 3-3 所示。

表 3-3　ARTS 系统重要性能指标及参数说明

性能指标	具体参数
激光头角度精度指标	角向工作范围：360°无限位水平旋转，垂直方向：+77.9°至−52.1°无限位旋转； 角度分辨率：0.02 弧度秒（arc-second）； 角向精度：20μm+5μm/m（MPE）； 最高角向跟踪速度：180 deg /sec； 最大角加速度：860°/s^2； 内置精密电子水平仪±2 弧秒
绝对距离测量（ADM）激光精度指标	最小工作范围：0m　最大工作范围：160m(直径)； 分辨率：0.5μm，精度：16μm+0.8μm/m（MPE）； 激光跟踪径向速度：≥25m/s； 最大径向加速度：30m/s^2； 激光波长(红外激光)：630〜640nm
其他	激光跟踪仪空间坐标测量精度(MPE)：20μm+5μm/m 跟踪仪断光续接反应时间小于 2s 工作温度范围：−15〜50℃ 一级安全激光，对人眼无伤害 跟踪仪可选配锂电池，在无供电情况下使用。系统无外置控制器，整体便携式设计，适合现场测量应用

3.2.2　软件系统

ARTS 软件系统与 Windows 操作系统可良好兼容，安装及使用方便，且功能强大。启动软件后，其主界面如图 3-29 及图 3-30 所示，主界面包含"性能测量""性能参数校准"及"最近打开文件"三个模块，"性能测量"及"性能参数校准"模块按不同机器人类型进行细分。

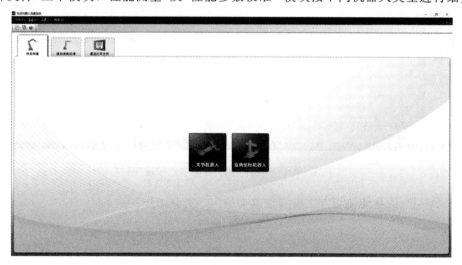

图 3-29　ARTS 软件系统"性能测量"主界面

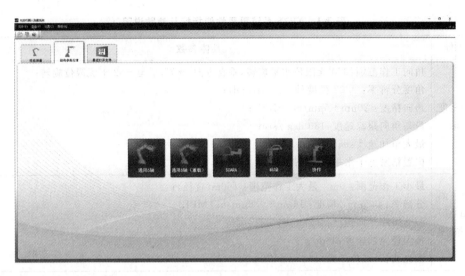

图 3-30　ARTS 软件系统"性能参数校准"主界面

　　"性能测量"模块可对"关节机器人"及"直角坐标机器人"进行 GB/T 12642—2013(ISO 9283:1998)中所规定的所有性能测试,并用空间图形展现测试过程,同时显示测试结果及测试条件,如图 3-31 所示。"性能参数校准"模块可对"通用 6 轴""通用 6 轴(重载)""SCARA" "码垛"及"协作"机器人进行参数校准,并展现校准相关参数、校准过程及校准前后结果对比,如图 3-32 所示(此处所指为第一代 ARTS)。

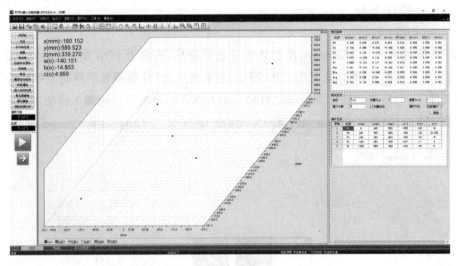

图 3-31　ARTS 软件系统"性能参数校准"模块

　　关于 ARTS 的具体使用方法可参见本书的"二　实训部分"。

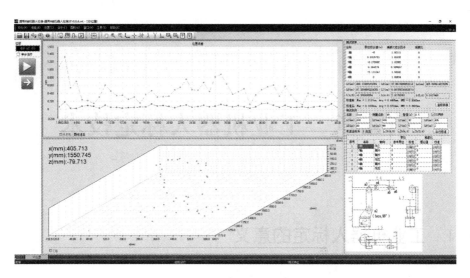

图 3-32　ARTS 软件系统性能参数校准

【参考文献】

1. GB/T 12642—2013/ISO 9283:1998《工业机器人 性能规范及其试验方法》.

2. 中国电子信息产业发展研究院. 工业机器人测试与评价技术[M]. 北京:人民邮电出版社，2017.

第4章　工业机器人标定技术

4.1　工业机器人标定的意义

随着机器人技术的提高,如今机器人已具备高可靠性、高稳定性和高效性,在生活服务、工业制造、深海探索、航空航天、医疗卫生和国防军事等领域都发挥着重要作用。机器人作为一个由软、硬件组成的复杂系统,在具体应用中通常是通过编写程序控制机器人的硬件做相应的运动,但是由于制造误差和环境等因素影响,软件控制下的机器人运动和想要达到的运动效果之间往往存在一定的差异。为了方便研究和寻找解决这种差异的办法,一般我们将该差异定义为机器人末端实际运动和理论计算值之间的误差。

例如,多关节工业机器人广义上为由各相邻连杆耦合运动构成的开链机构,其末端执行器位姿(位置和姿态)的完成需要通过对各关节参数值进行独立和精准的控制。但由于机器人本体存在包括制造、维修、装配误差、传动误差、磨损、柔顺性等诸多因素的影响,而这些因素的影响可能直接导致控制器中的内部名义运动学模型不能准确描述末端执行器实际位姿与机器人各结构参数之间的关系,从而使得末端执行器发生偏移,并产生位姿误差。工业机器人的性能是自动化生产线生产能力的核心因素,而位姿准确度是其中最为重要的性能。

通常而言,机器人末端的重复定位精度很高,而绝对定位精度却始终是一大瓶颈。机器人末端绝对定位精度较低的原因多种多样,一般可分为以下四类:

(1) 理论参数因素:机器人出厂时给定的参数和机器人实际的参数之间存在差异;

(2) 硬件因素:机器人长时间使用后硬件发生变化,如机器人连杆的形变、关节之间紧密性的改变等;

(3) 计算因素:数学计算存在不可避免的精度问题,如各种数据读取误差和计算过程中四舍五入带来的误差等;

(4) 环境因素:如机器人在高温、高压等极端环境下会发生形变。

机器人在各行各业间的广泛使用得益于其高精度和高稳定性,在不少应用领域中,比如医疗手术、空间在轨抓捕、排爆、复杂装配维修等,都对机器人有一定的精度要求。另外,越是复杂的任务对机器人的精度要求就越高。因此,研究在各种不利因素作用下如何提高机器人的绝对定位精度,就成为机器人领域的一大热点。

虽然机器人末端的绝对定位精度不高是多种因素共同作用的结果,但是,相关研究表明,由机器人运动控制参数的误差引起的绝对定位误差占绝大部分。因此,总体而言,可以从两个方面提高机器人末端的绝对定位精度:一是从源头上尽可能消除机器人末端的绝对定位误差,即改善和提高机器人的生产制造技术,利用新型的制造材料,增强机器人理论参数的准确度和环境适应度。同时,科学地分配机器人的工作任务,减少机器人在工作过程中的损耗,从而削减机器人末端的绝对定位误差。然而,这种方法对制造技术及材料的要求极高,大大增加了机器人的制造成本,很难在大范围推广应用。二是对于已出现的定位误差,通过分析产生该误差的主要因素,设法避免或降低该因素产生的误差的影响,以提升机器人的精度,即进行机器人标定。机器人标定技术以机器人运动学模型和误差模型为基础,利用高效、精确的测量系统获得机器人的运动误差,通过数学的方法求解机器人的误差模型,以补偿机器人的运动学参数,提高机器人的精度。相比第一种方法,机器人标定技术成本低,适宜推广。

机器人标定是通过非机械方式对其位姿性能进行提升的一种途径,工业机器人制造商与学术领域的众多学者多年致力于机器人标定的研究。通过机器人标定,可以校准机器人连杆长度、夹角角度、平行度、载重量、减速比、耦合比、Home 位置、TCP 位置等关键参数,提高机器人本体精度。

4.2　工业机器人运动学标定研究现状

工业机器人标定技术是提高工业机器人精度的重要方法,其可分为三个层次:一是关节级标定,用于标定传感器反馈的机器人关节运动和机器人真实的关节运动之间的关系;二是机器人运动学标定,以机器人运动学模型和误差模型为研究对象,确定机器人运动学参数微分变化和末端理论与实际位姿误差之间的关系;三是机器人动力学标定,将机器人各连杆的惯性特性作为主要的标定对象。其中,机器人关节级标定实施困难,且实用性不高,而机器人动力学标定较为复杂,且效果不直接,因此研究较少,在此不予详细介绍。机器人运动学标定是本章研究的重点。

机器人运动学标定实际上是系统辨识理论在机器人模型参数辨识领域中的典型应用,通过辨识机器人运动学模型中的参数误差并补偿。从内容上看,系统辨识包括系统数学模型的建立、数据的采集以及模型的验证,实质上就是借助外部测量完成对模型的辨识过程。对应到工业机器人运动学标定即为建立工业机器人的运动学模型与误差模型,并以误差模型中各参数误差为辨识对象进行参数辨识。经过学者们多年的研究探索,该方法已被证明是提高工业机器人精度的最有效途径。

工业机器人运动学标定过程主要有以下四个步骤:

(1)建模。建立工业机器人的运动学模型,能够明确地表示出机器人每个杆件在空间中相对于绝对坐标系或相对于机器人极坐标系的位置和姿态,通过末端杆件坐标系与极坐标系之间的变换关系,得到关节变量与工业机器人末端位姿之间的函数关系。

(2)测量。借助高精度的测量仪器或将末端杆件与空间中固定参照物形成闭合链约束来确定末端执行器在极坐标系中的位置。

（3）辨识。建立工业机器人的误差模型，通过其末端执行器的理论位置与实际位置的偏差，推导得到末端位置误差与运动学模型中参数误差之间的函数关系，运用数学方法有效辨识出运动学模型中各参数的误差。

（4）补偿。通过修正控制器中的机器人运动学模型中的参数，使运动学模型更接近实际。

工业机器人运动学标定的重点研究领域也主要集中在以上四个步骤中，下面逐一介绍其国内外研究现状。

4.2.1 建　模

作为机器人运动学标定技术的基础，机器人运动学模型描述了其末端到基座的变换关系，因此，模型的不同对标定结果的影响极大。一般而言，模型中用于描述机器人运动的参数越多，该模型的精度就越高，但标定的难度和复杂度也随之增加。机器人末端误差建模是机器人运动学标定技术的关键，它描述了机器人末端理论和真实位姿误差与运动学参数微分变化之间的关系。类似运动学模型，误差模型的选取也是在精度和复杂度之间的权衡。因此，要根据实际应用情况，选用合理的建模方式。

机器人运动学最经典的模型是 D-H 模型，该模型首先由 Denavit 和 Hartenberg 于 1955 年提出。该模型在每个运动关节处以关节运动轴为 z 轴、相邻关节运动轴线的公垂线为 x 轴建立关节局部右手坐标系，因此，相邻关节的坐标变换关系可由 4 个 D-H 参数 $[\theta\ a\ \alpha\ d]$ 唯一确定，且可表示为一个 4×4 齐次变换矩阵。将相邻坐标系的变换矩阵依次相乘，就能够得到机器人末端坐标系相对于基座坐标系的变换关系。D-H 模型最大的优点是简单易用，易于理解，但是该模型在机器人相邻关节运动轴接近平行或已经平行时，参数不再连续，此时模型会产生奇异解。

为了解决此问题，很多学者对 D-H 模型进行了大量研究，并提出了一些其他运动学模型。Hayati 和 Judd 等提出了 MD-H 模型，该模型与 D-H 模型一样使用 4 个 D-H 参数确定机器人相邻关节之间的变换关系，不同的是，当相邻关节运动轴接近平行或已经平行时，增加一个绕 y 轴旋转的参数 β_i 用于避免奇异解的出现。但该模型也存在不足之处，当相邻两轴垂直时，该模型也会导致参数变化不连续，从而产生奇异解。

Stone 等人于 1988 年提出了另一种修正的 D-H 模型——S 模型。S 模型扩展了 D-H 模型，增加了一个平移参数和一个旋转参数，共 6 个参数表示每个关节，因此可描述各关节绕任意三轴旋转和沿任意三轴做平移运动。

Gupta 提出了零位参照模型（Zero-reference Position Model），该模型使用机器人零位位置中轴的方位来描述机器人运动学方程，避免了由于相邻两轴之间由于平行或垂直的关系所引起的机器人模型的奇异性。

Zhuang、Hanqi 和 Schroer 等介绍了一种基于运动学参数连续性和完整性的 CPC（Complete and Parametrically Continuous）模型，该模型强调模型参数的完整性与连续性，使运动学参数不会发生突变。在求解过程中可以系统地消去所有多余的参数,误差参数相互独立且分布在整个几何误差空间内,因而可以构造出线性的机器人误差模型。

以上模型都要求建立机器人各关节的局部坐标系,因此对于零参照情形并不适用。Chen 等人提出了零参照的指数积(Product of Exponential,POE)模型,该模型只在机器人基座和末端创建坐标系,并用位移旋转量来表示各关节,因此不再需要为每个关节建立各自的坐标系。使用该模型时,运动学参数不会突变,但其关节角误差与初始参考位变换矩阵误差存在相关性,两类参数不能同时标定,此外该方法误差模型比较复杂。

4.2.2 测 量

在本书第 3 章中我们介绍了常用的工业机器人性能参数的检测方法。其中机器人末端位姿的测量尤为重要,其效率和精度是影响机器人标定技术效率和精度的重要因素,因此要仔细考虑选择测量方法。自 20 世纪 80 年代开始,国外就已经开展了对机器人末端位姿测量的研究,使用较多的测量系统有三坐标测量仪、自动经纬仪、球杆仪、视觉测量系统和激光跟踪仪等。

三坐标测量仪的核心部件是光栅尺和高精度测头,其测量精度可达微米级。该测量设备具有测量效率高、精度高、可靠性好等优点,但其需占用较大的机器人运动空间而可测量范围较小,设备成本较高,且只能用于静态测量。

自动经纬仪的测量精度较高,角度精度可达秒级,但是其测量结果与环境变化和测量者使用水平有较大关系,设备安装较为烦琐,而且也只能用于静态测量。

球杆仪分为单球杆仪和双球杆仪,其基于径向距离传感器可以精确地测量出球杆仪固定位置到机器人末端执行器的距离。该系统价格相对较低,操作容易,且精度较高,但其可测范围较小,无法满足工业机器人在整个工作空间中的测量。

视觉测量主要有三种测量方式:单目视觉测量、双目视觉测量和点光源测量。视觉测量系统具有结构简单、成本相对较低、测量过程无接触等优点。但是运用此类方法对工业机器人末端位姿进行测量时,精度较低,视野范围较小,且视觉系统内参数的设定对机器人末端未知的精度有较大影响。

激光跟踪仪测量机器人末端位姿具有分辨率高、可测量范围大、测量过程无接触等优点,可实现大范围、高精度、六维测量,而且相比其他测量仪器,不仅可用于静态测量,还可用于动态跟踪测量,是目前较先进、使用最广泛的测量系统。

4.2.3 辨 识

机器人末端误差模型提供了机器人运动学参数误差和机器人末端位姿误差之间的关系,机器人末端位姿测量技术测量出了机器人末端的位姿误差,而运动学参数辨识使用一定的数学方法对误差模型进行处理,可求解出运动学参数误差。在实际应用中,机器人末端位姿误差模型通常是非线性的,但一般都将其以线性的方式处理,因而会产生不必要的误差。

大多数的运动学参数辨识方法选择舍弃高阶误差项,并在求解误差模型时反复迭代以减小不必要的误差,因此能够获得较高的辨识精度。常用的参数误差估计算法有最小二乘法、遗传算法和扩展卡尔曼滤波算法等。

最小二乘法,又称最小平方法,是一种通过最小化误差平方和来获取数据的最佳函数匹配的数学优化技术,也是一种可以简便求出未知的数据的方法。利用最小二乘法可以使得这些未知的数据与实际数据之间的误差的平方和达到最小。在实际应用中,最小二乘法依据对某事件的大量观测数据来估计"最优"结果或表现形式,是目前"观测组合"的主要工具之一。其原理简单易懂,且不受扰动信息影响,但在实际应用过程中需要机器人沿固定的轨迹运动,灵活性低且计算量大。

遗传算法是一种用于解决最优化问题的搜索启发式算法,是计算机科学人工智能领域进化算法的一种。算法的搜索启发性表现在其通常生成高效的搜索算法来搜索问题和有效的解决方案进而优化问题。遗传算法是一种随机全局搜索和优化算法,其模仿了自然界生物的遗传和进化机制,同时借鉴孟德尔遗传学和达尔文进化论中诸如杂交、遗传、变异以及自然选择等生物行为。虽然遗传算法因编码方法和遗传算子的不同而有所不同,但其本质都是一样的,其通过在搜索过程中自动积累空间搜索知识来自适应地调整搜索过程以获取最优解。初始状态时,遗传算法随机选择 N 个个体构成种群,并计算个体在问题域中的适应度。之后的遗传算法操作过程借鉴了达尔文生物进化论中的适者生存的观点,每次在所有可能的解决方案种群中选择一个相对最优的,在算法的每一次迭代中,依据个体在问题域中的适应度,通过遗传学中模仿的再造方法选择个体,得到新的相对最优解。遗传算法具备很好的收敛性,计算时间少、鲁棒性高,但在自适应度函数选择不当的情况下很容易造成局部收敛但无法搜索到全局最优解的情况。

卡尔曼滤波(Kalman Filtering,KF)是一种利用线性系统状态方程,通过系统输入输出观测数据,对系统状态进行最优估计的算法,是一种高效的递归滤波器。扩展卡尔曼滤波(Extended Kalman Filtering,EKF)首先由 Bucy 和 Sunahara 等人提出,其基本思想是将非线性系统线性化,然后进行卡尔曼滤波,从而突破了卡尔曼滤波的限制,将卡尔曼滤波理论进一步应用到非线性系统中。它是解决非线性参数估计系统的经典方法,能克服潜在的不确定性问题,但易受参数误差分布的不良影响,导致算法无法收敛,估计精度得不到保障。

此外,学者们研究出多种用于非线性误差模型的辨识方法,如高斯-牛顿法、LM 算法以及神经网络法等,它们也都各有优缺点,需要在实际应用中根据具体情况选择合适的方法。

4.2.4　补　偿

参数误差补偿是在误差辨识的基础上修正机器人运动学模型,使其更接近于实际模型,最终达到减小末端位置误差的目的。国内外在参数误差补偿这一方面主要运用以下方法:关节量误差补偿法、微分误差补偿法、实时误差补偿法以及基于插补思想的误差补偿法。

关节量误差补偿法:将辨识得到的参数误差补偿到控制器中的运动学模型中,从而得到新的、更接近于实际的机器人运动学模型。在更新过的机器人模型的基础上进行运动学正反解,从而得到机器人末端位置,使其理论末端位置与实际末端位置更接近。该方法必须保证控制器中的运动学模型和标定过程中使用的运动学模型一致或可以相互转换。

微分误差补偿法:基于微分变换的思想,辨识得到误差模型中各参数的误差,根据末端位置误差对控制器中的机器人模型进行反解,使关节变量在初始设定的基础上继续调整,最终使末端执行器的偏移量能够弥补末端位置误差,从而尽量减小末端位置误差。

实时误差补偿法:该方法是基于神经网络提出的,通过前期大量的采集末端位置点,利用神经网络的自学习和自适应能力比较强的优点,经过神经网络的训练得到末端位置点的误差规律,从而提高机器人的定位精度。

基于插补思想的误差补偿法:该方法首先对机器人的工作空间进行网格划分,根据机器人末端执行器的运动位置,在不同的网格内对末端点采取不同的差补方式来补差末端位置误差。

4.3　工业机器人误差及标定分析

4.3.1　工业机器人误差分析

许多工业应用中需要精确的工业机器人来执行一些关键任务,如航空制造和计量检测。然而,工业机器人受到多方面误差的影响,并不总是能够保持高度的准确性。

工业机器人的误差分类有多种,比如可分为内部误差和外部误差两种。外部误差指的是周围的环境或其他外部因素造成的误差,从而影响工业机器人的精度。外部误差主要是由工业机器人工作环境的温度、空气湿度、电网电压波动、临近设备的振动等造成的。内部误差主要是指工业机器人系统内部因素引起的误差,包括几何参数误差、由于自重或负重导致的连杆弹性变形、齿轮间隙误差、控制系统及驱动系统误差、安装误差等。

工业机器人的误差也可分为确定性误差、时变误差和随机误差三种。确定性误差为生产完成以后即存在不变的误差,不随周围环境及时间的变化而变化,例如工业机器人的几何参数误差就属于确定性误差。时变误差是指该误差会随时间的变化而改变,如工业机器人的零部件的热变形受温度变化影响,其形变随时间变化而变化,属于时变误差。随机误差其变化没有规律,无法精确测量或预测,如临近设备引起的振动就属于随机误差。

目前较常用的机器人的误差分类方式,是把它们分为以下三类:活动关节误差、运动误差和非运动误差。活动关节指的是机器人的驱动关节,因为一些关节虽然铰接但不是驱动关节,例如在并联机械手中,有些关节是被动关节。

可以发现,驱动关节的误差和运动误差是影响机器人精度的最主要原因,而对于非运动误差,主要影响的是一些高负载应用。

1. 活动关节误差

这些误差主要来源于机器人驱动关节编码器提供的位移值误差,即机器人关节实际运动的位置与传感器(如编码器)报告的位置数据之间的差异。造成差异的原因是传感器本身的误差和每个驱动关节置零(或归位)造成的偏差(即在驱动关节的零点或基准位置的误差)。

2. 运动误差

运动误差主要和机器人的运动学模型有关。不能准确地表示该机器人的实际几何结构的模型是误差的最根本来源。运动误差的主要原因归结于以下情况。

① 由于制造和装配公差造成的机器人部件标称尺寸和实际尺寸之间的差异造成的误差。

② 机器人部件的几何特征(如平行度、垂直度)误差。

③ 参考坐标系的位置错误:机器人的基础参考坐标系与工作参考坐标系(也称为单元坐标系或全局参考坐标系)有关,工具参考坐标系与机器人的工件坐标系(最终参考坐标系)有关。

3. 非运动误差

非运动误差主要源于机器人的部件自身原因,可以归结于下列主要元件的机械特性:

① 机械部件的刚度(如变速箱);

② 机械系统的齿侧间隙(如变速箱齿隙);

③ 温度对机器人的结构和机械部件的影响。

4.3.2　工业机器人标定分析

1. 工业机器人几何参数标定

影响机器人定位精度的因素有很多,占较大比重的是机器人几何参数误差,约为 80%,所以对机器人几何参数进行标定是不可避免的重任。机器人几何参数标定就是机器人运动学标定,也就是连杆参数标定。连杆参数包括连杆长度、关节角、连杆转角、连杆偏距等。

运动学标定主要是建立机器人的运动学模型和误差模型,通过分析标定点进行几何参数辨识,从而实现误差补偿。标定过程通常都包括以下几个阶段:误差建模、数据测量、参数辨识、误差补偿及参数标定。

2. 工业机器人减速比与耦合比辨识校准

减速比就是减速机的传动比值,是指减速机接收到的瞬时输入指令旋转圈数与实际输出圈数的比值,减速比的误差使输入的转动角度指令不能准确地反映到电机端,每转动一定的角度都会造成一定比例的角度偏差。

为了进一步提高性能,还需要仔细考虑耦合比可能对机器人误差产生的影响。例如,六自由度工业机器人中,第五与第六关节轴会存在耦合比,在第五轴转动的同时会造成第六轴关节产生一定比例的角度变化。

为了降低减速比和耦合比对机器人精度的影响,一般会在基于伴随误差的运动学模型基础上增加对减速比和耦合比的辨识方法。

3. 工业机器人坐标系标定

这里的"工业机器人坐标系标定"指的是对机器人的基坐标系和工具坐标系进行标定。

标定工业机器人的基坐标系是提高机器人定位精度的有效手段之一。机器人基坐标系一般设置在机器人底座的固定位置,当第一关节转角为 0 时,基坐标系与第一连杆坐标系重合,通常需要利用标定方法才能获得机器人基坐标系在世界坐标系中的精确位姿。精确标定机器人基坐标系,在机器人离线编程、多机器人协调和机器人控制等领域具有重要的意义。

在加工作业过程中,机器人末端可以安装不同的操作工具,进而完成各种各样的作业任务。工具坐标系标定的精度直接影响着机器人的定位及加工作业任务。标定工具坐标系即建立以工具工作点为原点的坐标系在机器人法兰坐标系(或 TCP 坐标系)中的位置和姿态。一般情况下,法兰坐标系为默认的工具坐标系。

4.4 工业机器人标定实例

本节以某 15kg 喷涂机器人为例,详细讲解工业机器人的标定过程。

4.4.1 建　模

1. MD-H 模型

如前文介绍,D-H 模型由 Denavit 和 Hartenberg 提出,通过由机器人几何结构参数构造的 4×4 齐次矩阵来表达机器人相邻连杆坐标系的位姿关系,如图 4-1 所示。然后,通过链式法则得到多关节机器人的运动学表达式:

$$^{i}_{i-1}T = rot(Z_{i-1}, \theta_i) \times tran(0,0,d_i) \times tran(a_i,0,0) \times rot(X_i, \alpha_i) \tag{4-1}$$

之后,多名学者指出 D-H 模型存在奇异性。当机器人相邻旋转轴线名义上平行而实际上近乎平行时,D-H 模型不满足完整性与连续性。此时,两轴线相对位置的微分误差会使得如旋转轴之间公垂线距离 a_i 的某些几何参数误差发生跳变。为此,Hayati 等人在原有 D-H 运动学建模方法的基础上加入了新的误差参数 β_i 来表示绕 y 轴的附加转动,命名为 MD-H 模型。参数 β_i 的引入解决了原有模型的连续性问题,同时对模型的完整性没有影响。此时,式(4-1)变换为

$$^{i}_{i-1}T = rot(Z_{i-1}, \theta_i) \times tran(0,0,d_i) \times tran(a_i,0,0) \times rot(x_i, \alpha_i) \times rot(y_i, \beta_i) \tag{4-2}$$

为不失通用性,我们改写了式(4-3):

$$^{i}_{i-1}T = \begin{bmatrix} -s\alpha_i s\beta_i s\theta_i + c\beta_i c\theta_i & -c\alpha_i s\theta_i & s\alpha_i c\beta_i s\theta_i + s\beta_i c\theta_i & a_i c\theta_i \\ s\alpha_i s\beta_i s\theta_i + c\beta_i c\theta_i & c\alpha_i c\theta_i & -s\alpha_i c\beta_i c\theta_i + s\beta_i s\theta_i & a_i s\theta_i \\ -c\alpha_i s\beta_i & s\alpha_i & c\alpha_i c\beta_i & d_i \\ 0 & 0 & 0 & 1 \end{bmatrix} \tag{4-3}$$

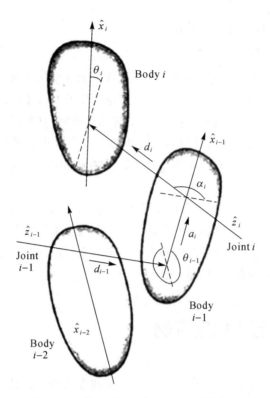

图 4-1　机器人连杆坐标系 D-H 建模方法

式中：$s(.)=\sin(.)$，$c(.)=\cos(.)$。则机器人末端 TCP 相对于基坐标系 $\{bs\}$ 的位姿可表达为

$$\,_{bs}^{n}T = \prod_{n-1}^{n}\,_{i-1}^{i}T \quad i = 1,\cdots,6 \tag{4-4}$$

同时，末端执行器坐标系的位姿可表示为

$$\,_{bs}^{t}T(\Omega)=\,_{bs}^{6}T\,\cdot\,\begin{bmatrix} \,_{6}^{t}R & \,_{6}^{t}P \\ 0 & 1 \end{bmatrix}=\begin{bmatrix} n & o & a & p \\ 0 & 0 & 0 & 1 \end{bmatrix} \tag{4-5}$$

式中：$\Omega = [\theta_i,d_i,\alpha_i,a_i,\beta_i,\,_{6}^{t}R,\,_{6}^{t}P]_{42\times1}^{t},i = 1,\cdots,6$，为几何参数向量名义值。

将 $\,_{bs}^{t}T$ 的每一列对 Ω 的分量进行微分并忽略高阶项，我们得到：

$$\Delta p = p_m - p_n = \sum_{j=1}^{42}\frac{\partial p}{\partial \Omega_j}\Delta\Omega_j = \left[\frac{\partial p}{\partial \Omega_1},\cdots,\frac{\partial p}{\partial \Omega_{42}}\right]\Delta\Omega = H_p\Delta\Omega \tag{4-6}$$

$$\Delta n = n_m - n_n = \sum_{j=1}^{42}\frac{\partial n}{\partial \Omega_j}\Delta\Omega_j = \left[\frac{\partial n}{\partial \Omega_1},\cdots,\frac{\partial n}{\partial \Omega_{42}}\right]\Delta\Omega = H_n\Delta\Omega \tag{4-7}$$

$$\Delta o = o_m - o_n = \sum_{j=1}^{42}\frac{\partial o}{\partial \Omega_j}\Delta\Omega_j = \left[\frac{\partial o}{\partial \Omega_1},\cdots,\frac{\partial o}{\partial \Omega_{42}}\right]\Delta\Omega = H_o\Delta\Omega \tag{4-8}$$

$$\Delta a = a_m - a_n = \sum_{j=1}^{42}\frac{\partial a}{\partial \Omega_j}\Delta\Omega_j = \left[\frac{\partial a}{\partial \Omega_1},\cdots,\frac{\partial a}{\partial \Omega_{42}}\right]\Delta\Omega = H_a\Delta\Omega \tag{4-9}$$

式中：Δp 和 $\Delta R=[\Delta n,\Delta o,\Delta a]$，为待测量的微分位姿误差。

将式(4-6)至式(4-9)合并得到：

$$\Delta E = H \cdot \Delta \Omega \tag{4-10}$$

式中：$\Delta E = [\Delta p^{\mathrm{T}}, \Delta n^{\mathrm{T}}, \Delta o^{\mathrm{T}}, \Delta a^{\mathrm{T}}]^{\mathrm{T}}$，$H = [H_p^{\mathrm{T}}, H_n^{\mathrm{T}}, H_o^{\mathrm{T}}, H_a^{\mathrm{T}}]$ 为 MD-H 模型的雅可比矩阵，$\Delta \Omega = [\Delta \theta_i, \Delta d_i, \Delta \alpha_i, \Delta a_i, \Delta \beta_i, \Delta_6^t R, \Delta_6^t p]_{42 \times 1}^{\mathrm{T}}$ 为待辨识的几何误差向量。

同时，工业机器人末端执行器姿态的表达通常用欧拉角表示，对于 x-y-z 形式的欧拉角，其误差修正量为

$$a = a\tan 2(R_m(2,3), R_m(1,3)) - a_n \tag{4-11}$$

$$b = a\tan 2\left(\sqrt{R_m^3(3,1), R_m^2(3,2)}, R_m(3,3)\right) - b_n \tag{4-12}$$

$$c = a\tan 2(R_m(3,2), R_m(3,1)) - c_n \tag{4-13}$$

式中：$R_m = [n_m, o_m, a_m]$ 为末端执行器坐标系 $\{t\}$ 的姿态矩阵，a_n、b_n、c_n 为机器人末端执行器欧拉角在控制器内显示的名义值。

2. POE 模型

Murray 等人利用旋量理论通过指数乘积表达了六自由度关节型机器人的运动学模型，如图 4-2 所示。其末端执行器坐标系 $\{t\}$ 相对于基坐标系 $\{bs\}$ 的位姿在各关节从 0 位旋转 θ 角度后的表达式为

$$g_{st}(\theta) = \exp(\hat{\zeta}_1 \theta_1) \exp(\hat{\zeta}_2 \theta_2) \cdots \exp(\hat{\zeta}_6 \theta_6) g_{st}(0) \tag{4-14}$$

式中：$g_{st}(0) = \exp(\hat{\zeta}_{st})$ 为机器人在零位时的位姿矩阵；$\hat{\zeta}_i$ 为机器人第 i 关节的运动旋量；$\zeta_i = [v_i^{\mathrm{T}}, \omega_i^{\mathrm{T}}]^{\mathrm{T}}$，为运动旋量 ζ_i 的坐标，即其向量形式。

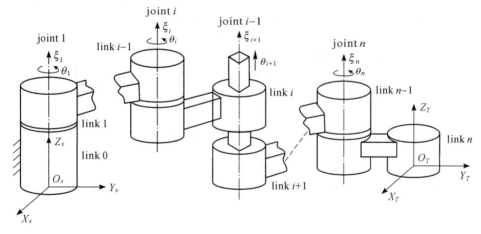

图 4-2　六自由度关节型机器人 POE 运动学模型

$$\hat{\zeta}_i = \begin{bmatrix} \hat{\omega}_i & v_i \\ 0 & 0 \end{bmatrix} \in \mathrm{se}(3) \tag{4-15}$$

$v_i = r_i \otimes \omega_i + h_i \omega_i$，$\omega_i = [\omega_{ix}, \omega_{iy}, \omega_{iz}]^{\mathrm{T}}$ 为旋量节距。

$$\hat{\omega}_i = \omega_i \otimes \begin{bmatrix} 0 & -\omega_{iz} & \omega_{iy} \\ \omega_i & 0 & -\omega_{ix} \\ -\omega_{iy} & \omega_{ix} & 0 \end{bmatrix} \in \mathrm{so}(3) \tag{4-16}$$

为 ω_i 的斜对称矩阵。

当 $\omega_i=0$ 时,机器人相邻关节的位姿关系可表示为

$$\exp(\hat{\zeta}_i,\theta_i)=\begin{bmatrix}R & t\\0 & 1\end{bmatrix}=\begin{bmatrix}\exp(\hat{\omega}_i,\theta_i) & (1-\exp(\hat{\omega}_i,\theta_i)\hat{\omega}_i,v_i+\theta_i\omega_i\omega_i^\mathrm{T}v_i)\\0 & 1\end{bmatrix}$$

$$(4\text{-}17)$$

当机器人关节为旋转关节时,$h_i=0$,式(4-16)退化为

$$\exp(\hat{\zeta}_i,\theta_i)=\begin{bmatrix}\exp(\hat{\omega}_i,\theta_i) & (1-\exp(\hat{\omega}_i,\theta_i))r_i\\0 & 1\end{bmatrix} \tag{4-18}$$

对于 POE 运动学模型,即式(4-14),进行线性化描述,我们得到:

$$\delta gg^{-1}=\left(\frac{\partial g}{\partial\zeta}\delta\zeta+\frac{\partial g}{\partial\theta}\delta\theta+\frac{\partial g}{\partial\zeta_{st}}\delta\zeta_{st}\right)g^{-1} \tag{4-19}$$

其中,$\delta gg^{-1}=(g_m-g_n)g_n^{-1}=g_mg_n^{-1}-I=\log(g_mg_n^{-1})$,为末端执行器的位姿误差。

$\zeta=[\zeta_1,\cdots,\zeta_6]^\mathrm{T}$,$\theta=[\theta_1,\cdots,\theta_6]^\mathrm{T}$。假设机器人零位准确,则有 $\delta\zeta_{st}=O_{6\times1}$;假设机器人旋转角度准确,则有 $\delta\theta=O_{6\times1}$。

同时,将此误差由 se(3)映射到 $\mathbf{R}^6$ 后,得到:

$$\Delta E_e=H_e\cdot\Delta\zeta \tag{4-20}$$

其中,$\Delta E_e=[\delta gg^{-1}]^v$,$H^e=[H_1,\cdots,H_6]$,$\delta\zeta=[\delta\zeta_1,\cdots,\delta\zeta_6]^\mathrm{T}$。

$$H_i=Ad\left(\prod_{k=1}^{i-1}\exp(\zeta_k\theta_k)\right)A_k \tag{4-21}$$

$$A_i=\theta_iI_6+\frac{4-\|\omega_i\|\theta_i\sin(\|\omega_i\|\theta_i)-4\cos(\|\omega_i\|\theta_i)}{2\|\omega_i\|^2}\psi_i$$

$$+\frac{4\|\omega_i\|\theta_i-5\sin(\|\omega_i\|\theta_i)+\|\omega_i\|\theta_i\cos(\|\omega_i\|\theta_i)}{2\|\omega_i\|^3}\psi_i^2$$

$$+\frac{2-\|\omega_i\|\theta_i\sin(\|\omega_i\|\theta_i)-2\cos(\|\omega_i\|\theta_i)}{2\|\omega_i\|^4}\psi_i^3$$

$$+\frac{2\|\omega_i\|\theta_i-3\sin(\|\omega_i\|\theta_i)+\|\omega_i\|\theta_i\cos(\|\omega_i\|\theta_i)}{2\|\omega_i\|^5}\psi_i^4 \tag{4-22}$$

其中,$\psi_t=\begin{bmatrix}\hat{\omega}_t & 0\\\hat{v}_t & \hat{\omega}_t\end{bmatrix}_{6\times6}$,$\|\omega_t\|=\sqrt{(\omega_{tx}^2+\omega_{ty}^2+\omega_{tz}^2)}$。

4.4.2 测 量

1.被测对象

待测量与标定的机器人为某公司自主研发并制造的喷涂工业机器人,如图 4-3 和图 4-4 所示。其 D-H 参数与运动学关系如图 4-5 和表 4-1 所示。POE 运动学参数如图 4-6 与表 4-2所示。

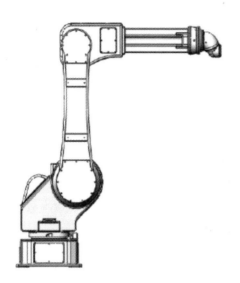

图 4-3 机器人本体

图 4-4 机器人本体三维建模

表 4-1 15kg 喷涂机器人的 D-H 参数名义值

连杆 i	a_i/mm	α_i	d_i/mm	θ_i
1	2700	90°	0	$-160°\sim160°$
2	1300	0°	0	$-70°\sim210°$
3	42.5	90°	0	$-60°\sim250°$
4	0	70°	1300	$-1080°\sim1080°$
5	0	$-70°$	108.9	$-1080°\sim1080°$
6	0	0°	82	$-1080°\sim1080°$

表 4-2 15kg 喷涂机器人的关节运动旋量参数名义值

关节 i	$\omega_i\in\mathbf{R}^3$			$v_i\in\mathbf{R}^3$		
1	0	0	1	0	0	0
2	0	-1	0	0	0	-270
3	0	-1	0	1300	0	-270
4	1	0	0	0	1342.5000	0
5	0.3420	0	-0.9397	0	1934.4795	0
6	1	0	0	0	1240.1675	0

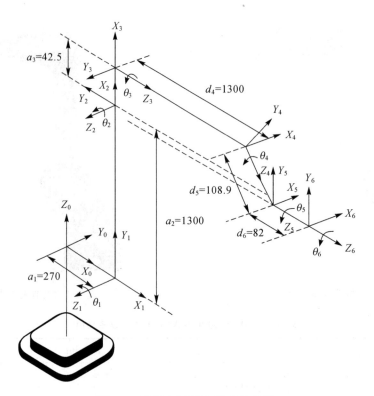

图 4-5 连杆坐标系 D-H 参数建模

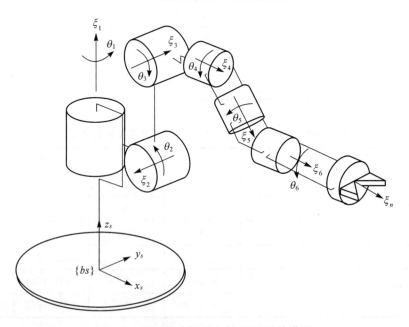

图 4-6 15kg 喷涂机器人的 POE 运动模型

2. 测量工具与设备

测量设备为 FARO Vantage 激光跟踪仪,将激光跟踪仪安装定位在机器人工作空间外,测量状态设置为静态测量。当机器人稳定到达被测量点后,激光跟踪仪开始采样,采样时间为 4~5s。

3.采样策略和方法

根据机器人运动学误差模型所述,为了有效辨识其几何参数误差,采样点所提供的方程应尽可能多于被辨识参数的维数,以便根据统计原理建立最小二乘优化求解模型进行求解。同时,由于机器人原型的制造与安装存在着不确定性误差,机器人在其工作空间各区域的位姿性能不均衡,即特定少量采样点的性能并不能完全反映机器人的整体性能。因此,我们选取了与 GB/T 12642—2013(ISO 9283:1998)不同的采样策略。在机器人标定过程中,在喷涂机器人工作空间中选取了 50 个点进行采样(见图 4-7)。选取原则如下:

① 根据激光跟踪仪的测量特性,保证在采样所选位姿时不发生断光情况;

② 在 5s/点的采样效率下,尽可能多地选取采样点,提高采样效率;

③ 采样点的选取应尽可能均匀地覆盖机器人内的有效位姿。

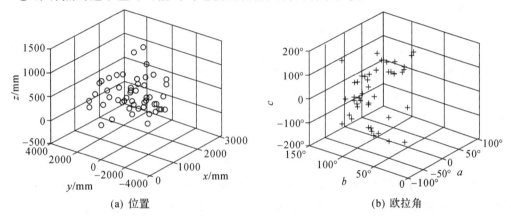

(a) 位置　　　　　　　　　　(b) 欧拉角

图 4-7　50 个被采样点位姿名义值

4.4.3　辨　识

1.最小二乘优化求解模型

(1)线性最小二乘求解原理

前面分别对六自由度关节型机器人几何参数误差与末端执行器位姿误差关系特征进行了描述,对两种机器人运动学误差模型进行了推导并对试验平台进行了搭建与测量。之后,需要利用试验观测数据以及误差模型对机器人几何参数误差进行求解。

可知,MD-H 模型与 POE 模型均为线性模型。同时,由于六自由度关节型机器人运动学误差具有奇异性,需要考虑线性模型的特点并对几何参数误差的存在性与唯一性进行论证和分析。

①解的存在性与唯一性

考虑通用线性方程组:

$$y = f(x, \beta) = A(x)\beta \tag{4-23}$$

式中：$(x_1,y_1)\sim(x_m,y_m)$ 为 m 维观测数据，$\beta=[\beta_1,\cdots,\beta_n]$ 为 n 维待辨识参数，$m>n$。方程有解的充分必要条件是其系数矩阵 $A_{m\times n}$ 的秩 $R(A)$ 与增广矩阵 $\overline{A}_{m\times(n+1)}$ 的秩 $R(\overline{A})$ 相等。即

$$R(A)=R(\overline{A}) \tag{4-24}$$

当系数矩阵 A 的秩满足 $R(A)=m<n$ 时，方程有无穷多个解；当 $R(A)=m=n$ 时，方程组有唯一解。显然，在 $R(A)=m$ 的条件下，若 $m<n$，方程组的个数少于未知数的个数，有无穷多个解；若 $m=n$，系数矩阵满秩，方程组有唯一解 $\beta=A(x)^{-1}y$。

然而，由于测量环节中存在的不确定因素较多，而且不希望待辨识的几何参数有多种解。因此，通常在辨识试验中测量采集的末端执行器位姿数据所能提供的方程组不满足线性方程组求解的相容性原理，即

$$R(A)\ne R(\overline{A}) \tag{4-25}$$

式中：$m\geqslant n$。

在此情况下，我们进行正则化，即

$$A^{\mathrm{T}}Ax=A^{\mathrm{T}}b \tag{4-26}$$

如果系数矩阵 $A^{\mathrm{T}}A$ 满秩，可以得到方程组(4-26)的最小二乘解：

$$\beta=(A^{\mathrm{T}}A)^{-1}A^{\mathrm{T}}y \text{ 或 } \beta=A^{+}y \tag{4-27}$$

式中：$A^{+}=(A^{\mathrm{T}}A)^{-1}A^{\mathrm{T}}$ 为 A 的广义逆（左逆）。然而，此条件要求 $R(A)=n$，否则，最小二乘解不唯一。

显而易见，为求得机器人几何参数误差最小二乘唯一解，在设计和搭建几何参数误差试验平台时，待测量的机器人形位不能选择其奇异位姿。否则，方程组系数矩阵的秩小于待辨识参数的维数，即 $R(H)<\dim(\Delta\Omega)$ 和 $R(H_e)<\dim(\Delta\zeta)$，无法获得唯一的最小二乘解。

②最小二乘解的几何意义

由于几何误差辨识试验采集的数据所能提供方程的秩远大于待辨识参数的维数，即 $m\geqslant n$，则由 n 维几何参数误差向量张成的空间为 m 维空间的子空间，即系数矩阵 H 或 H_e 的列空间。如末端执行器的位姿误差组成的列向量 ΔE 或 ΔE_e 不位于其系数矩阵的列空间内，则 ΔE 或 ΔE_e 不可能成为 H 或 H_e 列向量的线性组合，即无法得到准确的几何参数误差，使得所有末端执行器测量误差不能得到无误的修正。

在这种情况下，其最小二乘解给出了使得列空间中某点 $H\Delta\Omega$（或 $H_e\Delta\xi$）与 ΔE（或 ΔE_e）距离最近的估计，其距离被定义为残差值 R_{es}，如图 4-8 所示。

(2)MD-H 方法

根据文献以及 MD-H 方法所述，由于待标定的 15kg 喷涂机器人的第 2 关节与第 3 关节转动轴平行，则待辨识变量 $\Delta\Omega$ 中的分量 $\Delta\beta=\mathbf{R}^6$ 退化成 $\Delta\beta_2=\mathbf{R}^1$。同时，由于机器人采用的控制器系统以及配套软件存在限制，其中 D-H 参数 $a_i(i=1,2,3)$ 为固定值而无法修改，则 $\Delta\Omega\in\mathbf{R}^{42}$ 退化成 $\Delta\Omega\in\mathbf{R}^{34}$。

同时，每个采样点可提供 12 维方程组，其线性无关组维数为 6 维。则通过 50 个点测量，可以建立最小二乘优化求解模型进行求解。

为求解机器人几何参数误差，将采样得到的位姿测量误差代入，得到方程组：

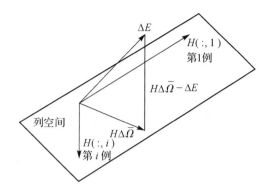

图 4-8　几何参数误差最小二乘解几何原理

$$\Delta E^{(k)} = H^{(k)} \cdot \Delta\Omega \ (k=1,\cdots,50) \tag{4-28}$$

将 50 个点采样所得方程组合并得到：

$$\Delta E_s = H_s \cdot \Delta\Omega \tag{4-29}$$

根据最小二乘建立与估计原理，对于第 k 次测量，式(6-28)会产生残差值：

$$R_{es}^{(k)} = \Delta E^{(k)} - H^{(k)} \cdot \Delta\Omega \tag{4-30}$$

则 k 次测量的最小二乘求解模型为

$$S(\Delta\Omega) = \sum_{k=1}^{50} (R_{es}^{(k)})^2 \tag{4-31}$$

当矩阵 $H_s^{\mathrm{T}} H_s$ 非奇异，则机器人几何参数误差的估计值为

$$\Delta\overline{\Omega} = \arg\min_{\Delta\Omega} S(\Delta\Omega) = (H_s^{\mathrm{T}} H_s)^{-1} H_s^{\mathrm{T}} \Delta E_s \tag{4-32}$$

（3）POE 方法

同上，每个采样点可提供 6 维线性无关方程组。通过 50 个点位姿测量，可以建立最小二乘优化求解模型进行求解。

为求解机器人几何参数误差 $\Delta\zeta$，将采样得到的位姿与雅可比矩阵代入得到方程组：

$$\Delta E_e^{(k)} = H_e^{(k)} \cdot \Delta\zeta^{(k)} \ (k=1,\cdots,50) \tag{4-33}$$

将 SO 点采样所得方程组合并得到：

$$\Delta E_{es} = H_{es} \cdot \Delta\zeta \tag{4-34}$$

根据最小二乘建立与估计原理，对于第 k 次测量，式(4-33)会产生残差值：

$$R_{es}^{(k)} = \Delta E_{es}^{(k)} - H_{es}^{(k)} \cdot \Delta\zeta \tag{4-35}$$

则 k 次测量的最小二乘求解模型为

$$S(\Delta\zeta) = \sum_{k=1}^{50} (R_{es}^{(k)})^2 \tag{4-36}$$

当矩阵 $H_{es}^{\mathrm{T}} H_{es}$ 非奇异，则机器人几何参数误差的估计值为

$$\Delta\overline{\zeta} = \arg\min_{\Delta\zeta} S(\Delta\zeta) = (H_{es}^{\mathrm{T}} H_{es})^{-1} H_s^{\mathrm{T}} \Delta E_{es} \tag{4-37}$$

同时，由于工业机器人通常使用 4×4 的齐次矩阵 T 的形式来表达其运动学状态，我们将式(4-36)中的 $\Delta\zeta$ 进行变换得到各关节坐标系的位姿误差：

$$\Delta_{bs}^{i} T = {}_{bs}^{i} T_c - {}_{bs}^{i} T_n = (tran(\delta v_i) rot(\delta\omega_i) - I)_{bs}^{i} T_n = \delta\tilde{\zeta}_i {}_{bs}^{i} T_n \tag{4-38}$$

式中：$i=1,\cdots,6$，${}_{bs}^{i}T_c$ 为标定后第 i 坐标系位姿。

2. 减速比的引入

减速比就是减速机的传动比值，是指减速机接收到的瞬时输入指令旋转圈数与实际输出圈数的比值，减速比的误差使输入的转动角度指令不能准确地反映到电机端，每转动一定的角度都会造成一定比例的角度偏差，所以在基于伴随误差的 POE 方程的运动学模型的基础上加入了对减速比的辨识方法，在正向运动学公式中加入减速比（这里用 r_i 表示实际减速比与理论减速比的比值，这时如果减速比存在误差，输入角度 θ 作用于输出端时角度会变为 $r_i\theta$）：

$$f:\Gamma'\rightarrow SE(3),f(r_1,\cdots,r_n,\zeta_0,\cdots,\zeta_{n+1})=\mathrm{e}^{\zeta_0}\mathrm{e}^{\zeta_1 r_1\theta_1}\cdots\mathrm{e}^{\zeta_n r_n\theta_n}\mathrm{e}^{\zeta_{n+1}r_{n+1}\theta_{n+1}} \quad (4\text{-}39)$$

这意味着减速比的计算完全是基于角度信息的采集来完成的，如果在此处令 r_i 表示实际减速比与名义减速比的比值，当然，$r_0=r_{n+1}=1$，对公式进行微分运算将得到：

$$(\mathrm{d}(\mathrm{e}^{\zeta_i r_i\theta_i})\mathrm{e}^{-\zeta_i r_i\theta_i})^v=r_i\theta_i\int_0^1 Ad_{\mathrm{e}^{\zeta_i r_i\theta_i}}*\mathrm{d}(\zeta_i)\mathrm{d}s+\hat{\zeta}_i\theta_i\mathrm{d}(r_i) \quad (4\text{-}40)$$

$$(\mathrm{d}f\times f^{-1})=[Q_0,Q_1,\cdots,Q_n,Q_{n+1},k_1,\cdots,k_n][\mathrm{d}\zeta_0,\mathrm{d}\zeta_1,\cdots,\mathrm{d}\zeta_n,\mathrm{d}\zeta_{n+1},\mathrm{d}r_1,\cdots,\mathrm{d}r_n]^{\mathrm{T}}$$
$$(4\text{-}41)$$

式中：

$$Q_i=r_i\theta_i Ad_{\mathrm{e}^{\zeta_0}\cdots\mathrm{e}^{\zeta_{i-1}r_{i-1}\theta_{i-1}}}\int_0^1 Ad_{\mathrm{e}^{\zeta_i r_i\theta_i}}\mathrm{d}s,i=1,2,\cdots,n$$

$$k_i=Ad_{\mathrm{e}^{\zeta_0}\cdots\mathrm{e}^{\zeta_{i-1}r_{i-1}\theta_{i-1}}}\zeta_i\theta_i,i=1,2,\cdots,n$$

$$Q_0=\int_0^1 Ad_{\mathrm{e}^{\zeta_0}}\mathrm{d}s,Q_{n+1}=Ad_{\mathrm{e}^{\zeta_0}\cdots\mathrm{e}^{\zeta_{n-1}r_{n-1}\theta_{n-1}}\mathrm{e}^{\zeta_n\theta_n}}\int_0^1 Ad_{\mathrm{e}^{\zeta_{n+1}}}\mathrm{d}s$$

依旧通过伴随误差模型对上述公式进行简化：

$$y=[Q'_0,Q'_1,\cdots,Q'_n,Q'_{n+1},k_1,\cdots,k_n][\mathrm{d}\eta_0,\mathrm{d}\eta_1,\cdots,\mathrm{d}\eta_n,\mathrm{d}\eta_{n+1},\mathrm{d}r_1,\cdots,\mathrm{d}r_n]^{\mathrm{T}}$$

$$y=(\mathrm{d}f\times f^{-1})=(\log(g_a(g_n)^{-1}))^v$$

$$Q'_1\approx Ad_i-Ad_{i+1},i=0,1,2,\cdots,n+1$$

$$k_i=Ad_{\mathrm{e}^{\zeta_0}\cdots\zeta_{i-1}r_{i-1}\theta_{i-1}}\zeta_i\theta_i,i=1,2,\cdots,n$$

$$Ad_i=Ad_{\mathrm{e}^{\zeta_0}\cdots\zeta_{i-1}r_{i-1}\theta_{i-1}}=Ad_{\mathrm{e}^{\zeta_0}}\times Ad_{\mathrm{e}^{\zeta_1 r_1\theta_1}}\cdots Ad_{\mathrm{e}^{\zeta_{i-1}r_{i-1}\theta_{i-1}}},i=1,2,\cdots,n,n+1$$

(3) 耦合比的引入

耦合比看似不是特别重要，因为符合条件的情况相对较少。然而，为了进一步提高性能，需要仔细考虑耦合比可能对机器人误差产生的影响。例如，在工业六自由度机器人中，第五与第六关节轴会存在耦合比，当第五轴转动的同时会造成第六轴关节产生一定比例的角度变化，同样在 SCARA 机器人模型当中最为明显的是其第三关节轴与第四关节轴的耦合关系。

$$\text{Axis}_6=M\text{Axis}_6+(P_{12}/P_{13})\times\text{Axis}_5 \quad (4\text{-}42)$$

为了确保机器人末端执行器的位姿按照控制器规划执行，就需要准确的耦合比参数，使得第五轴在变化的同时让第六轴补偿相应的变化角度。这里只对存在耦合比关系的部分进行分析（$\mathrm{e}^{\zeta_5\theta_5}\mathrm{e}^{\zeta_6(\theta_6+h\theta_5)}$），式中 h 为耦合比系数，当在误差模型中同时加入减速比的情况下，微

分方程将变为

$$(\mathrm{d}(e^{\zeta_6 (r_6\theta_6 + hr_5\theta_5)})e^{-\zeta_6 (r_6\theta_6 + hr_5\theta_5)})^v$$

$$= (r_6\theta_6 + hr_5\theta_5)\int_0^1 Ad_{e^{\zeta_6 \lfloor r_6\theta_6 + hr_5\theta_5 \rfloor s}} \times d(\zeta_6)\mathrm{d}s + \zeta_6\theta_6 \mathrm{d}(r_6) + \zeta_6\theta_5 (h\mathrm{d}(r_5) + r_5\mathrm{d}h)$$

$$(4\text{-}43)$$

将之代入到最终的误差模型公式中得到：

$$y = [\cdots, Q'_5, Q'_6, \cdots, k_5, k_6, \cdots, s][\cdots \mathrm{d}\eta_5, \mathrm{d}\eta_6, \cdots, \mathrm{d}r_5, \mathrm{d}r_6, \cdots, \mathrm{d}h]^{\mathrm{T}} \quad (4\text{-}44)$$

其中，Q'_1 的计算公式与之前的计算方法相同，唯一的不同在于辨识减速比时角度由 $r_6\theta_6 + hr_5\theta_5$ 作为 θ'_6 代入计算。而对于 k_i 来说，有两方面需要重新计算得出：

$$k_5 = Ad_{e^{\zeta_0}\cdots e^{\zeta_5 r_5\theta_5}} \zeta_6\theta_5 + Ad_{e^{\zeta_0}\cdots e^{\zeta_6 \lfloor r_6\theta_6 + hr_5\theta_5 \rfloor}} \zeta_5\theta_5 \quad (4\text{-}45)$$

$$k_6 = Ad_{e^{\zeta_0}\cdots e^{\zeta_5 r_5\theta_5}} \zeta_6\theta_6 \quad (4\text{-}46)$$

$$s = Ad_{e^{\zeta_0}\cdots e^{\zeta_5 r_5\theta_5}} \zeta_6 r_5\theta_5 \quad (4\text{-}47)$$

4.4.4 补　偿

在 15kg 喷涂机器人被标定前，对其位姿准确度进行了测量。之后，通过前文所述 MD-H 方法与 POE 方法分别对其几何参数进行了标定，结果见表 4-3 与表 4-4。

表 4-3　15kg 喷涂机器人的几何参数补偿值（MD-H 方法）

连杆 i	$\Delta a_i/\mathrm{mm}$	$\Delta\alpha_i$	$\Delta d_i/\mathrm{mm}$	$\Delta\theta_i$
1	0.9695	0	-0.3553	$-0.0330°$
2	-0.2799	0	-0.8602	$0.0790°$
3	1.1492	0	-0.8603	$-0.1112°$
4	0.3362	0.0151	0.04439	$-0.2670°$
5	0.0406	-0.0589	-0.0019	$0.3556°$
6	-0.1061	-0.0854	0.2575	$0.3684°$

表 4-4　15kg 喷涂机器人几何参数补偿值（POE 方法）

关节 i	$\delta\omega_i$ (rad.) $\in \mathbf{R}^3$			δv_i (mm) $\in \mathbf{R}^3$		
1	0	0	0	-1.5319	0	-0.2069
2	0	0	0	-1.5319	0.9600	1.7681
3	0	0	0	-1.5319	1.9194	1.8496
4	-9.6183×10^{-22}	-1.5708×10^{-5}	7.5542×10^{-27}	-1.7496	2.2196	1.8249
5	-1.4000×10^{-20}	-0.286×10^{-3}	1.6005×10^{-24}	-1.4650	2.2164	1.4268
6	6.2733×10^{-20}	1.0245×10^{-3}	3.2135×10^{-23}	-2.8478	2.3003	3.5449

【参考文献】

1. 中国电子信息产业发展研究院. 工业机器人测试与评价技术[M]. 北京:人民邮电出版社,2017.

2. 杜广龙,张平. 机器人运动学在线标定技术[M]. 广州:华南理工大学出版社,2016.

3. 杨小磊. SR165型工业机器人可靠性分析与运动学标定[D]. 大连:大连理工大学,2015.

4. 陈钢,贾庆轩,李彤,等. 基于误差模型的机器人运动学参数标定方法与实验[J]. 机器人,2012,34(6):680-688.

二　实训部分

实训 1　先进工业机器人性能测量系统(ARTS)

【试验目的】

1.熟悉激光跟踪仪的基本安装、拆卸、维护等过程;

2.熟悉 ARTS 软件的基本安装、密码输入、卸载等步骤;

3.熟悉 ARTS 专用工件的基本安装、拆卸。

【试验仪器】

先进工业机器人测量系统主要包含激光跟踪仪、FARO 脚架、ARTS 专用工装见实训 1-图 1。

(a) 激光跟踪仪　　　　　　(b) FARO脚架　　　　　　(c) 专用工装

实训 1-图 1　ARTS

【试验原理】

参阅本书理论部分第 3 章 3.2.1 节。

【注意事项】

1.光学目标保养

(1)请勿直接用手触摸目标的光学表面。

(2)切勿让目标跌落,必要时使用防护工具:海绵地垫、靶球防护夹具等。

(3)将目标存放在包装袋内,使目标保持洁净干燥。

(4)仅在需要时才对目标进行清洁。

2.清洁光学目标

(1)大多数情况下,目标的光学表面仅是聚积了一些灰尘,只需通过压缩空气罐清洁即可。切勿使用车间吹气管吹出的压缩空气,因为其洁净度不高,可能使光学靶球(SMR)染上油污或其他附着物。

(2)在将空气吹到光学表面之前,先背离 SMR 喷几秒钟空气,勿喷强力压缩空气。

(3)请始终保持容器处于竖直状态,切勿摇晃容器。

(4)不要用干棉布或棉纸擦拭光学表面,以免刮花。使用不适当的化学品进行清洁会损坏反射表面。

3.设备存放

(1)在长期存放激光跟踪仪系统时,将其放在包装盒中以避免受到环境不利因素及灰尘等的损害。

(2)系统存放的温度等环境条件应合适,避免剧烈振动。

4.运输的注意事项

(1)在工作间地面移动激光跟踪仪测量头时,保持其安装在重型支架上。移动之前,要完全降下三脚架加长管。避免地面上的任何突起或大的裂缝。不要让支架在地面上滑动,应降低三脚架转轮以从地面升起三脚架。

(2)远距离搬运或在设备间移动激光跟踪仪系统时,应将所有器件放置在其包装箱中。用到叉式升降机时,包装箱应始终放在一个货盘上,并且要轻拿轻放货盘。

5.设备使用

使用跟踪仪设备时,必须连接不间断电源(UPS)。

【试验步骤与内容】

1.练习使用跟踪仪

(1)跟踪仪组件如实训1-图2所示。

(2)跟踪仪的搬运和安装。

①取出时,拉出提升手柄,握住底部凹槽,如实训1-图3所示。

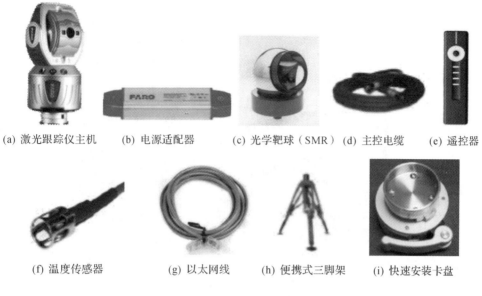

(a) 激光跟踪仪主机　(b) 电源适配器　(c) 光学靶球（SMR）(d) 主控电缆　(e) 遥控器

(f) 温度传感器　　　(g) 以太网线　　(h) 便携式三脚架　(i) 快速安装卡盘

实训 1-图 2　激光跟踪仪组件

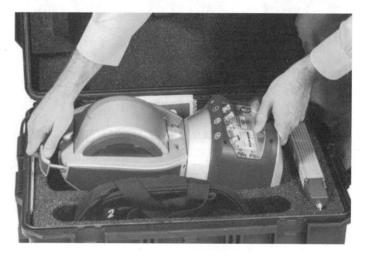

实训 1-图 3　取出跟踪仪

②在搬运或安装固定跟踪仪时，应该握住提升手柄和辅助的凹槽区域，如实训 1-图 4 所示。

跟踪仪主轴联锁杆位置如实训 1-图 5 所示，其各个位置与用途对应关系如实训 1-表 1 所示。

实训 1-图 4　提升手柄

打开位置　　　　　　部分打开位置　　　　　　锁定位置

实训 1-图 5　跟踪仪主轴联锁杆位置

实训 1-表 1　跟踪仪主轴联锁杆位置与用途

序号	主轴的联锁杆位置	用途
1	打开	在打开位置,允许将激光跟踪器测量头放置在主轴上或将其从主轴上卸下
2	部分打开	在部分打开位置,可移动黄铜啮合条,阻止将激光跟踪器测量头放置在主轴上或将其从主轴上卸下,但仍可以在主轴上轻松地转动它。此位置能够转动激光跟踪器测量头,从而使三个跟踪器安装重置(TMR)或原始位置可在测量过程中轻松进入
3	锁定	在锁定位置,会完全啮合黄铜啮合条并将激光跟踪器测量头牢固地锁定到位。这是所有测量所应使用的位置

(3)跟踪仪组成如实训 1-图 6 所示。

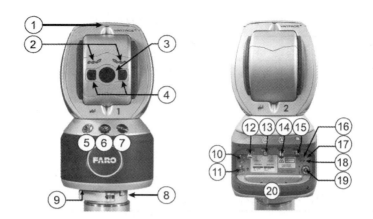

①可伸缩手柄;②LED指示器;③激光装置;④MultiView照相机;⑤1.5寸SMR放置点;⑥7/8寸SMR放置点;⑦0.5寸SMR放置点;⑧安装固定盘;⑨气压计;⑩电源开关;⑪WiFi开关;⑫电源线缆接口;⑬以太网线缆接口;⑭WiFi无线信号扩展接口;⑮辅助接口B(未启用);⑯激光指示灯;⑰系统指示灯;⑱网络指示灯;⑲温度传感器接口;⑳手柄

实训 1-图 6　激光跟踪仪组成

(4)LED指示灯。

跟踪仪LED指示灯如实训1-图7所示。指示灯用途说明见实训1-表2。

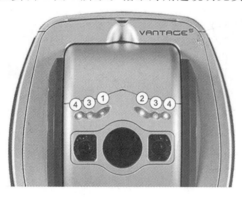

实训 1-图 7　跟踪仪 LED 指示灯

红灯:

常亮:跟踪仪正在测量;

闪烁:跟踪仪正在以扫描模式测量。

绿灯:

不亮:没有锁定目标;

常亮:锁定目标,激光束和目标位置有效;

闪烁:锁定目标,激光束和目标位置无效。

实训 1-表 2　跟踪仪指示灯及用途说明

序号	名称	用途
1	红色聚焦孔指示灯	• 持续亮起:激光跟踪器测量头正在测量 • 闪烁:激光跟踪器测量头正在扫描模式下测量(多个测量值)
2	绿色聚焦孔指示灯	• 熄灭:未锁定目标 • 持续亮起:锁定目标、有效光束和目标位置 • 闪烁:锁定目标、无效光束和目标位置
3	黄色聚焦孔指示灯	应用特定指示灯
4	蓝色聚焦孔指示灯	应用特定指示灯

　　在启动过程中,所有指示灯都在闪烁。在激光跟踪器测量头初始化之前,绿色聚焦孔指示灯会闪烁,即使目标未将光束反射回激光跟踪器测量头。

(5)激光跟踪仪安装、接线、拆卸。

①安装

a. 建议在被测机器人的正前方清理一块空地放置激光跟踪仪,如实训 1-图 8 所示。

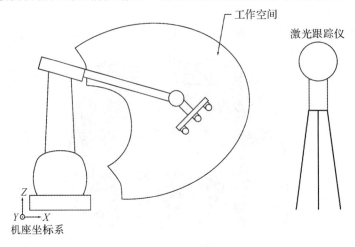

实训 1-图 8　跟踪仪安放位置

　　b. 安装仪器架:将仪器便携式支架放置在平稳的地面上并远离其他物体(跟踪仪距离机器人末端 2m 左右)。确保仪器架稳坐于其三脚架上,周边无振动源,如实训 1-图 9 所示。

　　为安全起见,请勿将激光跟踪器测量头安装在从垂直方向倾斜超过 10°的支架上。使用折叠支架且支脚在最低位置时,请确保支脚尽可能宽地展开,中央套圈位于中心杆的底部。支脚展开后,确保各支脚之间至少相隔一米以保证稳定。

c.将主轴旋入螺纹结构中。

d. 将主轴侧边"助力扳手"拉出,如实训 1-图 10 所示。使用助力扳手将主轴拧紧到支架上。

e. 当主轴完全旋到支架上后,将助力扳手重新卡入主轴侧部。

f. 打开主轴的联锁杆。

实训 1-图 9 便携式三脚架安装

实训 1-图 10 助力扳手

g. 激光跟踪器测量头从便携式存放箱中搬出时,拉出伸缩式拉杆,握住底部搬动凹槽区。

h. 将激光跟踪器测量头底部卡入主轴,如实训 1-图 11 所示。

i. 拧动主轴的联锁杆,使其进入锁定位置。

j. 检查装好的仪器架,确保仪器架稳定且牢固。拧紧主轴后,请试着转动激光跟踪器测量头的底座来检查主轴底座的稳定性。在正常转动压力下激光跟踪器测量头应该不会移动。如果激光跟踪器测量头的底座在主轴底座上极易转动,应卸下激光跟踪器测量头,检查主轴或插座上是否存在碎屑,然后重复安装过程。如果激光跟踪器测量头仍然容易转动,请联系销售商。

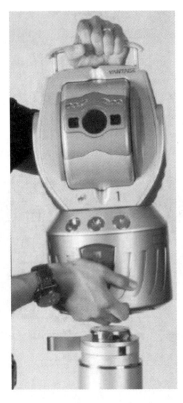

图 11 激光跟踪器测量头底部卡入主轴

②线缆连接

激光跟踪器测量头由民用 220V 电压直接供电,中间经过电源适配器。

a. 确保跟踪仪与电源处于断开状态。

b. 将电源线缆、通信线缆两端分别连接到激光跟踪器测量头背面的插口和电源适配器的插口上,如实训 1-图 12 所示。

实训 1-图 12 线缆连接

c. 将温度传感器连接到跟踪仪背面右下角端口。

d. 使用以太网线将主控单元与计算机连接到局域网;或者两者直接相连,如实训 1-图 13所示。

实训 1-图 13　网线连接

e. 将跟踪仪电源线连接 220V 交流电源。建议在电源和电源适配器之间使用不间断电源（UPS）。

> 在跟踪仪电源已经接通时，遵循以上步骤可防止热插拔主要的通信线/电源线。在电源打开时"热插拔"或连接/拔下该线缆会损坏激光跟踪器测量头或电源适配器。当系统启动时，便可以安全地连接以太网网线和温度传感器。

③拆卸

a. 测量完成后，关闭跟踪仪的电源。

b. 将电源线缆、通信线缆分别从激光跟踪器测量头背面的插口和电源适配器的插口拔下，盖上两端的护帽。

c. 拔下网线和电源线。

d. 把电源适配器、线缆放置到便携式背包中。

e. 打开主轴的联锁杆，使其处于打开位置。

f. 使用伸缩式拉杆和搬动凹槽区将激光跟踪器测量头从主轴上卸下来，安放在便携式存放箱中。

g. 拉出另一根"助力扳手"，用它松开主轴并将其从支架上旋下。

h. 收拢便携式三脚架。

2. 练习使用 ARTS 软件

建议使用 Windows 7 或 Windows 10 操作系统。使用计算机管理员的身份登录操作系统，按照如下步骤进行安装。

(1)软件安装

找到专用 U 盘，如实训 1-图 14 所示。

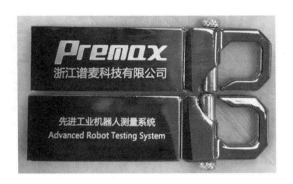

实训 1-图 14　ARTS 软件专用 U 盘

将安装 U 盘插入电脑 USB 口,运行 U 盘中的应用程序"R：\Install.exe"(R：U 盘的盘符)。

单击"先进工业机器人测量软件"启动软件安装,如实训 1-图 15 所示。根据软件安装向导,单击"下一步"按钮,使用默认选项安装软件。

实训 1-图 15　软件安装

单击"软件运行更新",如实训 1-图 16 所示,进入选择界面,选择"运行时库更新",进行系统环境 Visual C++2008 的安装。

实训 1-图 16　软件运行更新

(2)防火墙、IP 等设置

激光跟踪仪正确连线后,在访问工业机器人测量软件前,需要对操作计算机进行网络配置,设置 IP 地址前应先关闭 Windows 防火墙设置和杀毒软件的防火墙。

激光跟踪仪出厂的 IP 地址是 128.128.128.100。

在设置计算机的本地连接属性——Internet 协议版本 4(TCP/IPv4)属性时,使用下面的 IP 地址:设置 IP 地址为 128.128.128.20,设置子网掩码为 255.255.255.0,如实训 1-图 17 所示。

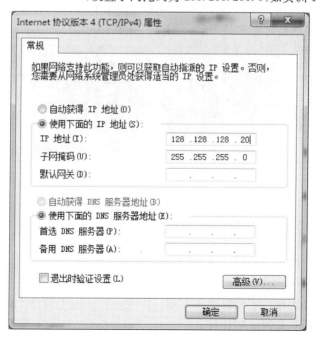

实训 1-图 17　网络配置

（3）软件密码设置

第一次运行软件时，弹出如实训 1-图 18 所示界面，根据密码单输入软件密码和序列号；或者，将"密码文件光盘"放入电脑 CD-ROM，单击"导入"按钮，查找到光驱，选择"xxxxxxxxx.dat"，软件会自动读取软件密码和序列号，然后单击"确定"按钮。

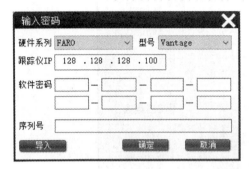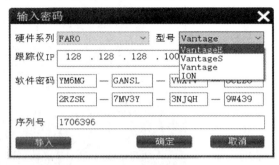

实训 1-图 18　软件密码输入

若输入的软件密码或序列号不正确，系统将无法运行。若需修改密码，只需选择"设置"菜单中的"修改密码"命令或工具栏上的 🔧 按钮。

根据跟踪仪实际情况选择相应的型号。

☀️　每一套系统均有唯一的软件密码和序列号，这些均印在密码单上，请妥善保存密码单。

3.练习使用 ARTS 工装

找到 ARTS 专用工装一套，内含 3 个靶球座、3 个连杆、9 个夹片、1 个 U 盘。

跟踪仪箱子里靶球盒内含 3 只靶球。ARTS 专用工装组件如实训 1-图 19 所示。

(a) 专用连杆　　(b) 专用靶球座　　(c) 专用靶球防摔夹片　　(d) 专用夹具使用效果

实训 1-图 19　ARTS 专用工装组件

使用方法：

用示教器调节机器人的末端，方便在末端安装测量夹具。

①关闭机器人电机。

②用规定螺丝将连杆固定到机器人末端。

③用规定螺丝将底盘固定到连杆。

④将 3 个带保护的靶球座拧到连杆上。

⑤操作人员撤离至安全区域。

【思考题】

1. 简述使用设备时的安装先后顺序。
2. 光学目标脏了以后,可否用酒精棉擦拭,为什么?
3. 简述激光跟踪仪常见指示灯闪亮效果的含义。

实训 2　工业机器人性能测量的示教器编程

【试验目的】

1. 熟悉机器人性能测量的基本概念；
2. 理解机器人性能测量的基本原理；
3. 学会使用示教器编辑性能测试所需的程序。

【试验仪器】

示教器的使用具体按各机器人厂商而定，这里依照先进工业机器人测量系统（ARTS）、GB/T 12642—2013 等，规划相应点位，并做示教。

【注意事项】

1. 固定靶球防摔夹片；
2. 切勿用手、布、棉等任何物件触摸靶球镜面；
3. 仪器于地面摆放稳固、卡盘卡紧；
4. 测试过程中，不得有任何人或物体穿越跟踪仪与被测机器人之间的区域；
5. 安全用电等。

【试验步骤与内容】

下面以某六轴机器人为例，参照标准 GB/T 12642—2013 / ISO 9283:1998《工业机器人性能规范及其试验方法》进行试验准备。

1.试验位姿定义

在机器人工作空间中找出一个立方体,顶点用 $C_1 \sim C_8$ 表示;在立方体中选用一个平面: C_1-C_2-C_7-C_8(优选);在平面上选择五个测量点 $P_1 \sim P_5$,位于测量平面的对角线上,测量点距离顶点的长度为对角线的 10%,如实训 2-图 1 所示。

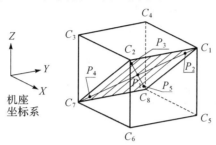

实训 2-图 1　测量点选择

立方体应满足以下要求:(1) 立方体应位于工作空间中预期应用最多的那一部分;(2)立方体应具有最大体积,且棱边平行于机座坐标系。

当机器人某轴运动范围较其他轴小时,可用长方体代替立方体。

指令位姿的编辑,操作步骤如下:

(1)机器人与激光跟踪仪如按实训 2-图 2 所示位置摆放,则在机器人末端朝向激光跟踪仪方向的工作空间中选择一个测试立方体。

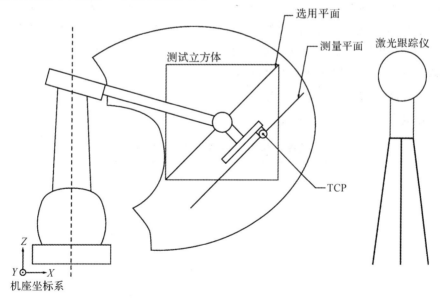

实训 2-图 2　机器人与激光跟踪仪位置

(2)使机器人恢复到零位,在关节坐标系下调节末端姿态,使所有靶球座开口朝向激光跟踪仪,例如 $(A, B, C) = (0, 136, 0)$。

(3)在世界坐标系下,使用机器人示教器"轴操作键(－X)"控制机器人末端往 X－方向运行,运动到不超过虚线平面,记录 X 值。

(4)使机器人恢复到零位,在关节坐标系下调节末端姿态,使所有靶球座开口朝向激光跟踪仪,例如 $(A,B,C)=(0,136,0)$,姿态接近即可。

(5)在世界坐标系下,使用机器人示教器"轴操作键(+X)"控制机器人末端往 $X+$ 方向运行,运动到机器人最大运动范围,记录 X 值。机器人位姿记录表如实训 2-表 1 所示。

操作过程中,示教器很可能会报警中断,应清除警告后,继续操作。

重复以上步骤,控制机器人末端分别往 $Y-$, $Y+$, $Z-$, $Z+$ 运动,记录对应坐标值。

实训 2-表 1　机器人位姿记录表

运动	$X-$	$X+$	$Y-$	$Y+$	$Z-$	$Z+$
坐标值	X_1	X_2	Y_1	Y_2	Z_1	Z_2
	152 mm	1216 mm	−784 mm	782 mm	597 mm	1363 mm
范围	RX		RY		RZ	
	1064		1566		766	

(6)确定立方体尺寸: X 、 Y 、 Z 三方向的范围约为
$$(RX,RY,RZ)=(|X_2-X_1|,\ |Y_2-Y_1|,\ |Z_2-Z_1|)$$
立方体尺寸可选择 400mm。

注:边长一般优选 250、400、630、1000mm 中最大的立方体。

建议留点空间余量,因为测量平面跟选用平面是有偏移的,测量基于工具坐标系,范围限得太紧,自定义的 TCP 很可能到不了设定的位置。

(7)确定 P_1 点:取可行运动范围内的中间点
$$(P_1X,P_1Y,P_1Z)=(X_1+(X_2-X_1)/2,\ Y_1+(Y_2-Y_1)/2,\ Z_1+(Z_2-Z_1)/2)$$
那么,测量点的理论坐标值如实训 2-表 2 所示。

实训 2-表 2　测量点的理论坐标值

点	X	Y	Z
P_1	684	−1	980
P_2	844	159	1140
P_3	844	−161	1140
P_4	524	−161	820
P_5	524	159	820

(8)使用示教器的"轴操作键(XYZABC)",将机械臂示教到 P_1 , XYZ 坐标值尽量接近理论值,再调整 ABC ,使所有靶球座开口朝向激光跟踪仪,然后将当前位置值定义为 P_1 。

(9)关闭机器人电机。

(10)将 SMR 放置到靶球座上,使其开口朝向激光跟踪仪。从激光跟踪器测量头的位置

观察 SMR,确认各方向上均无遮挡后,将靶球座的两只侧面保护钩分别拧到座上。

    SMR 放置到靶球座上后,务必将保护装置(靶球防摔夹片)拧上,防止 SMR 意外跌落,造成不必要的损失。

重复第(8)—(10)步操作,完成 $P_2 \sim P_5$ 点的示教。

    请确保在 5 个位姿上,所有靶球开口均朝向激光跟踪仪。

如果示教器支持手动修改位置点信息,那么直接输入参数设置所有位姿,如实训 2-表 3 所示。

实训 2-表 3　设置位姿

	X	Y	Z	A	B	C
P_1	684	-1	980	0	136	0
P_2	844	159	1140	-0.4	131	1.3
P_3	844	-161	1140	0.6	134	-1
P_4	524	-161	820	1	133	0.5
P_5	524	159	820	-1	130	0.3

完成 $P_1 \sim P_5$ 的定义后,新建程序,添加下述示例指令。

程序指令示例 1:

```
MOVJ P1 V = 25 % BL = 0 VBL = 0      '关节插补方式移动至目标位置
MOVL P2 V = 25 % BL = 0 VBL = 0      '直接插补方式移动至目标位置
MOVL P3 V = 25 % BL = 0 VBL = 0      '
MOVL P4 V = 25 % BL = 0 VBL = 0      '
MOVL P5 V = 25 % BL = 0 VBL = 0      '
MOVL P1 V = 25 % BL = 0 VBL = 0      '
```

程序指令示例 2:

```
Go P1      '以 PTP 动作移动机械臂,所有关节同时移动
Move P2    '直线移动机械臂
Move P3    '
Move P4    '
Move P5    '
Move P1    '
```

在低速下单步运行,若机械臂能正常运行,则 5 个试验位姿的定义完成;若不能,请调整测量点的位姿,使之能正常运行。

    以上是根据 GB/T 12642—2013 / ISO 9283:1998 标准定义的 5 个测量位姿。软件默认初始化支持标准要求,但也支持测量任意姿态,用户可以自定义设置,只要确保所有位姿上的所有靶球开口均朝向激光跟踪仪即可。

2.试验轨迹定义

一般试验轨迹选用平面 C_1-C_2-C_7-C_8 上，直线轨迹可选 $E_1(P_2)$-$E_2(P_3)$；大圆轨迹直径选择立方体边长的 80%，圆心为 P_1；小圆轨迹直径选择同一平面大圆直径的 10%，圆心为 P_1。如实训 2-图 3 所示。

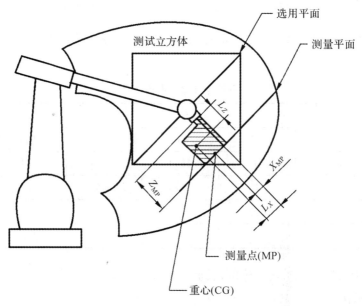

实训 2-图 3　试验轨迹选择

程序画圆，一般 3 个点或 4 个点可以绘制一个圆，用户可选择圆上的任意点，也可以从软件的默认设置中获取，具体操作请详见后续的实际流程。

【思考题】

1.测量点位如何选择、计算生成？
2.不同项目生成的测试点位有什么相同点及不同点？

实训 3　工业机器人性能测量试验准备操作

【试验目的】

1. 理解跟踪仪的"预热"现象；
2. 学会使用 ARTS 做跟踪仪"快速补偿"和"角精度确认"；
3. 了解并学会使用跟踪仪"自动寻光"功能；
4. 熟悉坐标转换的基本概念；
5. 学会使用 ARTS 测量机器人工具 TCP、坐标矩阵、靶球位置关系。

【试验仪器】

试验仪器如实训 3-图 1 所示,主要包含:先进工业机器人测量系统(ARTS)、FARO 激光跟踪仪、靶球、专用连杆、专用靶球座、专用靶球防摔夹片等。

(a) ARTS软件

(b) FARO激光跟踪仪

(c) 靶球

(d) 专用连杆

(e) 专用靶球座

(f) 专用靶球防摔夹片

实训 3-图 1　试验所用主要仪器、软件

【试验原理】

参阅本书理论部分第 3 章 3.2.2 节。

【注意事项】

1. 固定靶球防摔夹片；
2. 切勿用手、布、棉等任何物件触摸靶球镜面；
3. 仪器于地面摆放稳固、卡盘卡紧；
4. 测试过程中，不得有任何人或物体穿越跟踪仪与被测机器人之间的区域。

【试验步骤与内容】

1. 开机预热、快速补偿、角精度确认

（1）试验前准备

①激光跟踪仪安装：参考实训 1 的步骤，将激光跟踪仪放置在机器人的对面，确保两者之间没有障碍物。

　　　　切勿将激光跟踪仪放置到机器人的工作空间内，以免发生意外，造成经济损失。

②线缆连接：参考实训 1 连接激光跟踪仪和分析仪线缆。

③打开跟踪仪电源：轻按在跟踪仪机头背面的电源开关。

④在 Windows 桌面上，找到工业机器人测量软件的快捷图标![icon]。双击图标即可打开软件，进入首页界面。

⑤点击"关节机器人"图标，进入"关节机器人"功能主界面，如实训 3-图 2 所示。

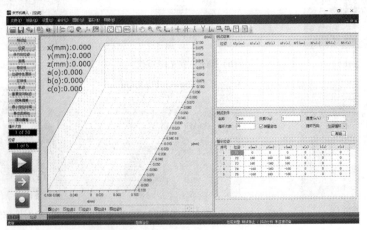

实训 3-图 2　"关节机器人"功能主界面

如果激光跟踪仪与操作电脑没在一个局域网，进入软件后，会出现提示"smx. ftp. FtplOException"。

（2）跟踪仪启动检查

每当接通激光跟踪仪（主控单元）的电源，或者系统电源被切断后再接通时，都需要初始化或重新启动系统，这可以通过初始化角编码器和位置感应探测器的"启动检查"来完成。

①StartupChecks

进入软件主界面后会自动弹出"StartupChecks"（启动检查）对话框，如实训 3-图 3 所示。

实训 3-图 3　"启动检查"对话框

"热稳定"可能需要 40 多分钟才能完成，具体取决于初始温度。可以通过单击"跳过预热阶段"按钮来跳过"热稳定"。

待设备启动检查结束后，单击实训 3-图 4 所示的"确定"按钮以继续。

实训 3-图 4　启动完成

如果"StartupChecks"对话框没有自动弹出，请选择"设置"菜单—"跟踪仪命令"，打开

"跟踪仪命令"对话框,然后单击"StartupChecks"按钮,如实训 3-图 5 所示。

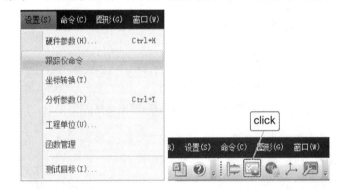

实训 3-图 5　"跟踪仪命令"对话框

②CompIT

对激光跟踪仪进行快速补偿和角度精度确认,通过后可以开始使用。

选择"设置"菜单—"跟踪仪命令",打开"跟踪仪命令"对话框,如实训 3-图 6 所示。

实训 3-图 6　跟踪仪命令选择

单击"CompIT"按钮,如实训 3-图 7 所示。

实训 3-图 7　"CompIT"按钮

点击"Quick Compensation"按钮,如实训 3-图 8 所示,开始"快速补偿"程序。该程序需要跟踪 SMR 到任一个位置(通常选择被测物体周围)。

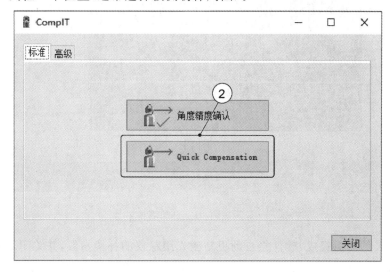

实训 3-图 8 快速补偿

根据软件提示,手动将激光束跟踪至 SMR,如实训 3-图 9 所示。

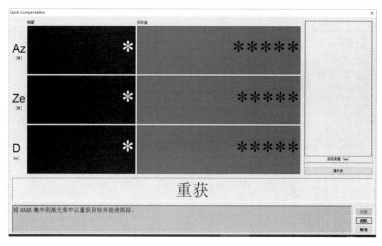

实训 3-图 9 手动跟踪

在另一个连杆拧上靶球座,放置到任意位置,将 SMR 放置到此靶球座上。

CompIT 会自动检查 SMR 在所在位置的稳定性。

稳定后,CompIT 会以"前准星"和"后准星"模式自动测量该位置,如实训 3-图 10 所示。

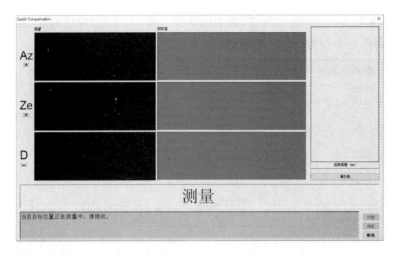

实训 3-图 10　自动测量

等待 SMR 的测量完成，软件将自动更新激光跟踪仪的补偿参数，并关闭对话框。

如果结果不符合跟踪仪的精度规格，CompIT 将建议您按"继续"键来执行"定向中间测试"和"定向补偿"，请根据提示操作。

点击"角度精度确认"按钮，如实训 3-图 11 所示。

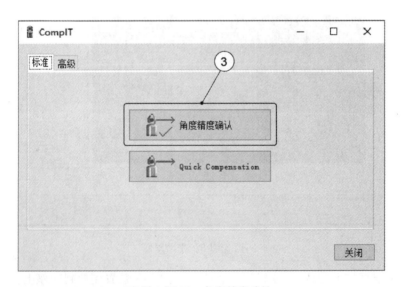

实训 3-图 11　角度精度确认

选择"用户选择点"，单击"确定"按钮，如实训 3-图 12 所示。

根据软件提示将 SMR 放置到激光跟踪器测量头的原始位置，如实训 3-图 13 所示。

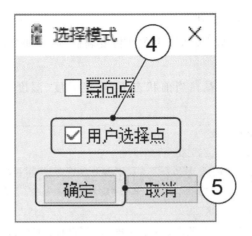

实训 3-图 12　用户选择点

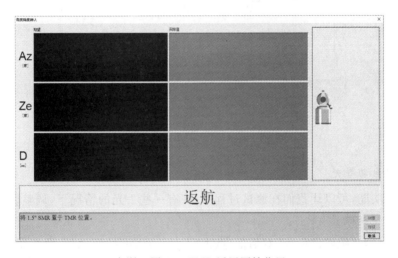

实训 3-图 13　SMR 返回原始位置

然后将 SMR 放置到任意点进行测量,如实训 3-图 14 所示。

实训 3-图 14　任意点测量

测量结束后,单击"继续"按钮。

结果通过后,单击"已完成"按钮结束角度精度确认,如实训 3-图 15 所示,等待对话框自动关闭。

单击"详情"按钮,可以查看在当前状态下,环境温度、湿度以及跟踪仪点位公差等的数据。

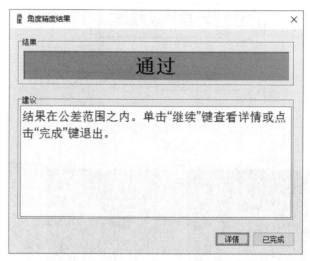

实训 3-图 15　结束角度精度确认

2.跟踪仪自动寻光

自动寻光功能,可以让我们在测试过程中,在有一些丢光的情况下,调整合适的角度,使跟踪仪自动追寻靶球。

在软件里打开"跟踪仪命令"对话框,点击"TrackerPad"按钮,如实训 3-图 16 所示。

实训 3-图 16　"跟踪仪命令"对话框

点击"Follow Me Settings",如实训 3-图 17 所示,可得到自动寻光功能开关界面。

实训 3-图 17 "Follow Me Settings"命令

3. ARTS 坐标转换

分工具标定、坐标准直、靶球位置三个部分。

（1）工具标定

选择"设置"菜单—"坐标转换"，打开"坐标转换"对话框，如实训 3-图 18 所示。

实训 3-图 18 "坐标转换"命令

① 指定一个靶球位置为 TCP 点，做好标记；手动将激光跟踪仪的激光瞄准 TCP 靶球，如实训 3-图 19 所示。

②确定机器人的工具坐标系方向，算法中需要确定工具 x、z 轴的方向（向上或向下等），确定方向后在软件中选择相应方向。

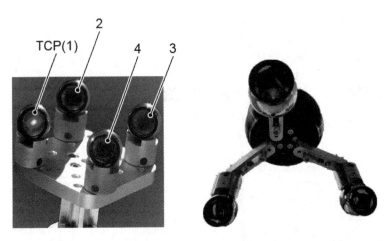

实训 3-图 19　瞄准 TCP 靶球

确定机器人参数中的 L5 数据,即机器人五轴理论长度值,并填写至软件相应位置,如实训 3-图 20 所示。

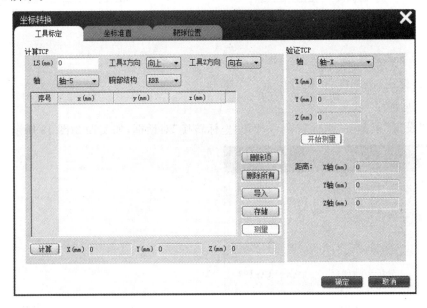

实训 3-图 20　填写机器人五轴理论长度值

③将机器人调至合适位置,然后在机器人示教器的关节坐标系下仅运动机器人的五轴,在不丢光的情况下分别运动 9 步(此时六轴为 0 度),同时利用软件界面的测量功能记录下每次运动后的数据,测量时确保机器人运动稳定。

五轴运动 9 步的数据测量完毕后,回到起始位置选择六轴运动 9 步并记录。

做工具转换时,五、六轴需调整至 0 度,其他轴可以不是 0 度,末端法兰盘需面对跟踪仪。

④点击"计算"按钮,如实训 3-图 21 所示,获得工具标定的结果,把结果(XYZ)输入到机器人的工具坐标系中并将其使用。可对该工具的计算结果进行验证。

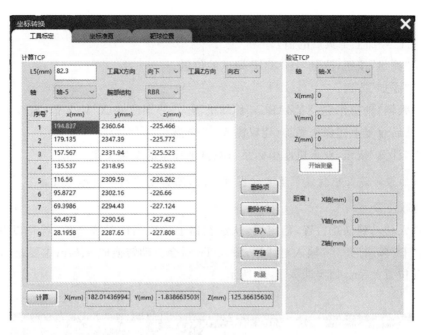

实训 3-图 21　工具标定

（2）坐标准直

坐标准直界面如实训 3-图 22 所示。

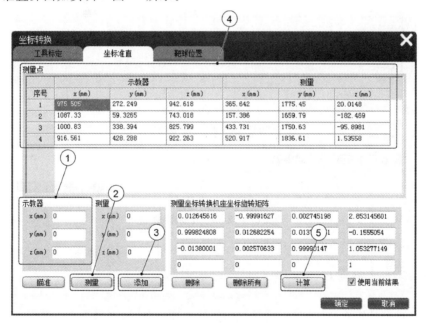

实训 3-图 22　坐标准直界面

①在示教器上，工具坐标系选工具标定后添加的工具坐标系；用示教器"轴操作键（XYZABC）"移动机械臂到任一位置，尽量使靶球开口朝向激光跟踪仪，以免丢光，增加操作人员工作量。

②机械臂稳定后,在"示教器"位置分别输入示教器上显示当前的位置 X、Y、Z(确保该 X、Y、Z 值为已经加上工具后的值)。

③单击"测量"按钮,测量当前 TCP 靶球的位置。

④单击"添加"按钮。

⑤用示教器"轴操作键(XYZABC)"移动机器人,分别改变 X、Y、Z 值,至少选择 4 个不同的位姿,然后重复上述操作添加(建议测 5～7 个点)。

⑥单击"计算"按钮,获得机座坐标系与测量坐标系的变换关系。

☀ 如果跟踪仪位置或机器人位置改动过,则需要重新做坐标准直。

(3) 靶球位置

将机器人移动到任意位置,稳定后,从示教器上读取当前的姿态值,若是以 T6 形式表示,则点击"T6 阵"打开 T6 输入对话框,输入 T6 后会自动转换成 a、b、c;主要是为了得到靶球间的相互位置关系。如实训 3-图 23 所示。

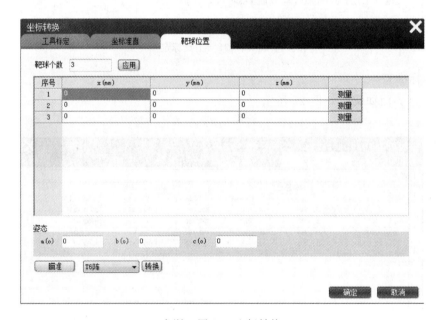

实训 3-图 23 坐标转换

【数据记录及报告】

1. 本次试验的跟踪仪序列号、温度、湿度、公差等信息,如实训 3-表 1 所示。

实训 3-表 1　试验记录

点	方位角/(°)	顶点角/(°)	D/mm	公差/mm	偏差/mm	公差范围以内(是/否)	
日期			跟踪仪序列号				
温度			温度				
气压			湿度				
P_1							
P_2							
P_3							

2.本次试验的 TCP 数值。

$X=$ _____ mm；　　$Y=$ _____ mm；　　$Z=$ _____ mm。

【思考题】

1.跟踪仪做"快速补偿"和"角精度确认"的意义是什么？

2.做工具标定、坐标准直、靶球位置的目的是什么？

实训 4　工业机器人性能测量

——位姿准确度和位姿重复性

【试验目的】

1.熟悉机器人位姿准确度和位姿重复性的基本概念；
2.理解机器人位姿准确度和位姿重复性测量的基本原理；
3.学会使用 ARTS 测量机器人位姿的绝对精度和重复精度及其姿态变化。

【试验仪器】

同实训 3。

【试验原理】

利用激光跟踪仪采集机器人空间位置坐标,通过 ARTS 软件分析计算,得到机器人精度误差值。

具体试验原理可见本书第 2 章 2.3 节"位姿准确度和位姿重复性"。

【注意事项】

1.固定靶球防摔夹片；
2.切勿用手、布、棉等任何物件触摸靶球镜面；
3.仪器于地面摆放稳固、卡盘卡紧；
4.测试过程中,不得有任何人或物体穿越跟踪仪与被测机器人之间的区域。

【试验步骤与内容】

1.输入指令位姿

默认情况下,软件依据 GB/T 12642—2013 / ISO 9283:1998《工业机器人性能规范及其试验方法》标准对所有参数进行初始化。通常，只要修改立方体的尺寸和 P_1 点的坐标，其他采用默认参数，如实训 4-图 1 所示。

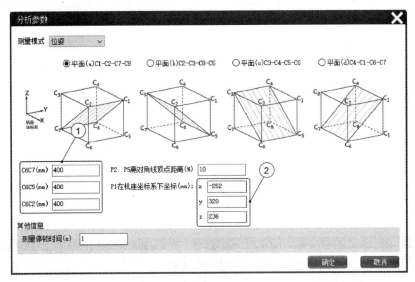

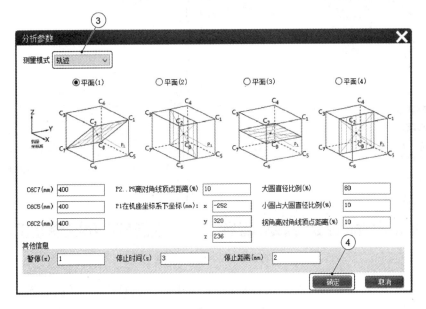

实训 4-图 1　参数初始化

单击"确定"按钮关闭"分析参数"对话框，软件将初始化所有的指令位姿（测试位姿），如实训 4-图 2 所示。

修改、设置指令位姿：

（1）在软件界面左侧功能列表中点击"位姿"。

指令位姿							
序号	位姿	x(mm)	y(mm)	z(mm)	a(o)	b(o)	c(o)
1	P1	−252	320	236	0	0	0
2	P2	−92	480	396	0	0	0
3	P3	−92	160	396	0	0	0
4	P4	−412	160	76	0	0	0
5	P5	−412	480	76	0	0	0

实训 4-图 2　指令位姿

（2）按照被测机器人调试好的实际位姿数据，在"位姿"窗口右下方的"指令位姿"表格中修改位姿 $xyzabc$，如实训 4-图 3 所示。

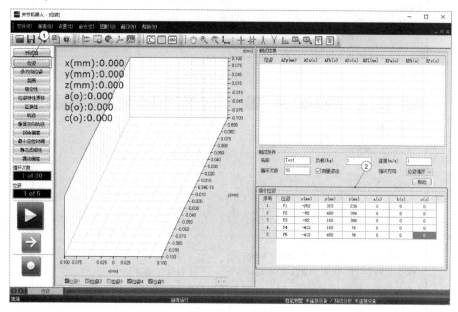

实训 4-图 3　修改位姿

（3）如果机器人位姿以其他形式表示，在表格中点击鼠标右键，弹出右键菜单，选择位姿形式：T6 阵、四元素、ZYZ 角，输入对应数值，单击"确定"后自动转化，如实训 4-图 4 所示。

（4）指令位姿输入完毕后，在表格中点击鼠标右键，弹出右键菜单，选择"刷新"，使修改后的指令位姿正式应用，如实训 4-图 5 所示。

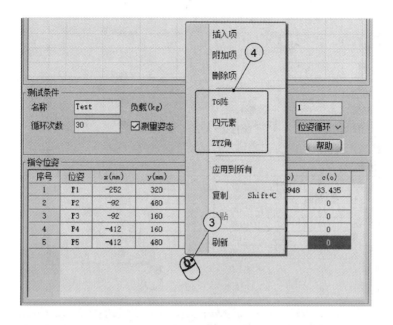

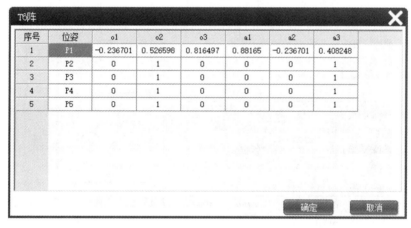

实训 4-图 4　位姿形式转化

设置完指令位姿，一定要用"刷新"命令，否则该设置不会应用到软件。

（5）然后，在表格中点击鼠标右键，弹出右键菜单，选择"应用到所有"命令，同步修改其他试验的指令位姿，如实训 4-图 6 所示。

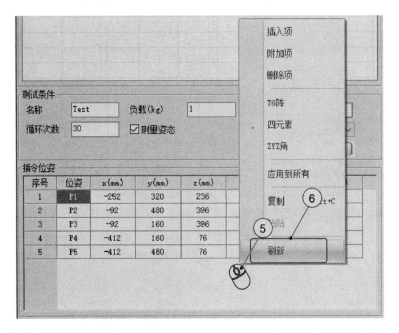

实训 4-图 5　应用位姿

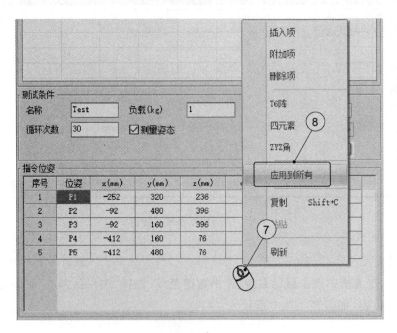

实训 4-图 6　应用到所有

"应用到所有"命令对试验点的位姿数据与软件初始化的位姿数据相近的点有效,否则其他试验的指令位姿不会被更改。按照标准,所有位姿试验均采用这 5 个指令位姿,应用到所有后,预试验只要做这 5 个点。

2. 预试验

为确保试验顺利有效运行,在正式试验开始之前,系统首先通过预试验来得到各个位姿的坐标值。

（1）在软件界面左侧功能列表中点击"预试验"。

（2）在"预试验"窗口右下方的"指令位姿"表格"校准"列，点击选择要预试验的位姿，如实训 4-图 7 所示。

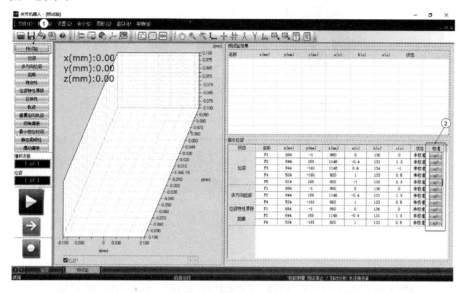

实训 4-图 7　预试验

假如在"位姿"试验的 5 个点勾选了校准，后续几个试验没有自动勾选，那是因为两者位姿不同。

请确认其他试验是否采用一致的点，如果是，参考"指令位姿修改"的步骤去手动修改。

（3）将机器人示教到 P_1 点，待机器人稳定后，点击"开始"按钮，然后点击"手动运行"按钮，如实训 4-图 8 所示。

（4）激光跟踪仪自动瞄准到 TCP 靶球的位置，如果没有瞄准，激光跟踪器测量头的绿色聚焦孔指示灯在闪烁，软件会弹出"瞄准"对话框。观察 TCP 靶球，如果红色激光在靶球附近，请点击"搜索"按钮。待激光跟踪器测量头的绿色聚焦孔指示灯持续亮起，"搜索"按钮变亮后，完成激光瞄准，关闭此对话框，如实训 4-图 9 所示。

如果红色激光离靶球球心比较远，请先使用"瞄准"功能手动调整激光位置，使其瞄准到靶球球心的附近，然后使用"搜索"功能。

（5）软件控制激光跟踪器测量头依次测量其他靶球，重复第 4 步操作完成对剩余 3 个靶球的测量。

（6）完成位姿 P_1 的预试验后，将机器人示教到 P_2 点，待机器人稳定后，点击"手动运行"按钮。

（7）重复第 4～5 步，完成 P_2 的预试验。

（8）重复第 4～6 步，完成剩余位姿的预试验。

（9）预试验结束后，窗口右上方显示预试验结果，如实训 4-图 10 所示。

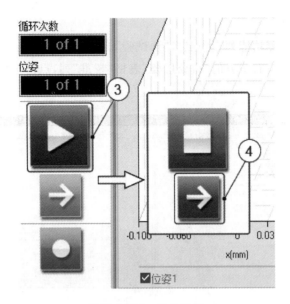

实训 4-图 8　手动运行

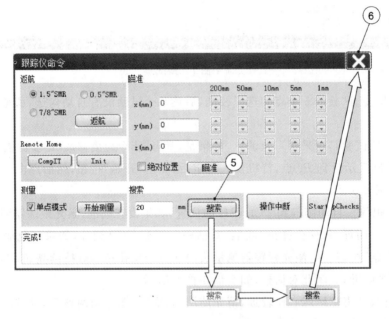

实训 4-图 9　激光瞄准

状态栏显示 pass 或 failed,是软件内部的一个判断,只是给出一个预判结果给用户作为参考,并不具有决定性作用。

3.开始位姿试验

设定测试条件,将机器人运行至 P_5 点,再在软件左下角单击"开始"按钮,待机器人开启自动循环模式运行即可。如实训 4-图 11 所示。

循环结束后,在软件右上方显示本次试验结果。

名称	x (mm)	y (mm)	z (mm)	a (o)	b (o)	c (o)	状态
P1	650.224	0.677	449.872	-167.802	-2.160	-108.499	Pass
P2	810.353	160.761	611.114	-169.973	-1.376	-100.987	Pass
P3	810.958	-159.915	611.396	-160.625	1.804	-99.662	Pass
P4	491.492	-160.229	290.537	-167.535			
P5	490.560	160.847	288.863	-172.123	11.		

预试验结果

应用当前项
应用所有项

打开当前数据文件夹
打开文件

实训 4-图 10 预试验结果

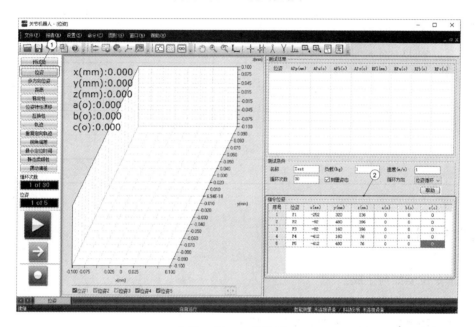

实训 4-图 11 位姿试验

【数据记录及报告】

测试结束后，可在软件里生成报告，报告格式如实训 4-表 1 所示。

实训 4-表 1 位姿准确度与位姿重复性

名称	AP_p/mm	AP_a/(°)	AP_b/(°)	AP_c/(°)	RP_l/mm	RP_a/(°)	RP_b/(°)	RP_c/(°)
P_5	—	—	—	—	—	—	—	—
P_4	—	—	—	—	—	—	—	—
P_3	—	—	—	—	—	—	—	—
P_2	—	—	—	—	—	—	—	—
P_1	—	—	—	—	—	—	—	—
Max	—	—	—	—	—	—	—	—
Avg	—	—	—	—	—	—	—	—

指令位姿

名称	x/mm	y/mm	z/mm	a/(°)	b/(°)	c/(°)	
P_5	—	—	—	—	—	—	
P_4	—	—	—	—	—	—	
P_3	—	—	—	—	—	—	
P_2	—	—	—	—	—	—	
P_1	—	—	—	—	—	—	

【思考题】

1. 指令位姿如何生成？

2. 输入指令位姿时，角度 abc 如何正确填写？

3. 做位姿测试时，机器人起始位置在哪里？

4. 请分析不同的测试条件（满载、空载、100％运行速度、10％运行速度）对测试结果的影响。

实训 5　工业机器人性能测量

——多方向位姿准确度变动

【试验目的】

1.熟悉机器人多方向位姿准确度变动的基本概念；
2.理解机器人多方向位姿准确度变动的基本原理；
3.学会使用 ARTS 测量机器人多方向位姿准确度变动。

【试验仪器】

同实训 3。

【试验原理】

利用激光跟踪仪采集机器人空间位置坐标，通过 ARTS 软件分析计算，得到机器人精度误差值。

具体试验原理可见本书第 2 章 2.4 节"多方向位姿准确度变动"。

【注意事项】

1.固定靶球防摔夹片；
2.切勿用手、布、棉等任何物件触摸靶球镜面；
3.仪器于地面摆放稳固，卡盘卡紧；
4.测试过程中，不得有任何人或物体穿越跟踪仪与被测机器人之间的区域。

【试验步骤与内容】

1.输入指令位姿

首先，初始化所有的指令位姿（测试位姿），步骤同实训 4。

其次,修改、设置指令位姿。

(1)在软件界面左侧功能列表中点击"多方向位姿"。

(2)按照被测机器人调试好的实际位姿数据,在"多方向位姿"窗口右下方的"指令位姿"表格中修改位姿 $xyzabc$,如实训 5-图 1 所示。

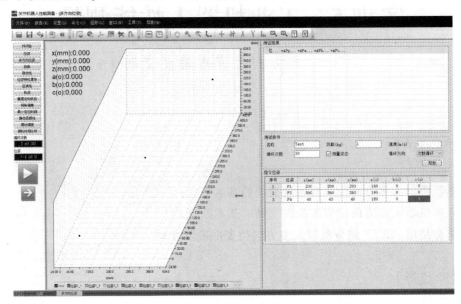

实训 5-图 1　修改位姿

(3)如果机器人位姿以其他形式表示,在表格中点击鼠标右键,弹出右键菜单,选择位姿形式:T6 阵、四元素、ZYZ 角,输入对应数值,单击"确定"后自动转化,如实训 5-图 2 所示。

(4)指令位姿输入完毕后,在表格中点击鼠标右键,弹出右键菜单,选择"刷新",使修改后的指令位姿正式应用。

设置完指令位姿,一定要用"刷新"命令,否则该设置不会应用到软件。

2.预试验

为确保试验顺利有效运行,在正式试验开始之前,系统首先通过预试验来得到各个位姿的坐标值。

具体步骤同实训四。

3.多方向位姿试验

设定测试条件,将机器人运行至 P_4 点,再在软件左下角单击"开始"按钮,待机器人开启自动循环模式运行即可。

循环结束后,在软件右上方显示本次试验结果,如实训 5-图 3 所示。

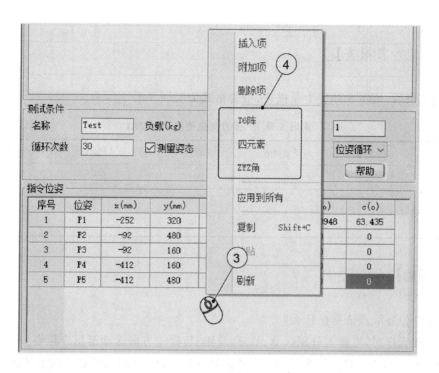

实训 5-图 2　位姿形式转化

位姿	vAPp(mm)	vAPa(o)	vAPb(o)	vAPc(o)

测试结果

实训 5-图 3　试验结果

【数据记录及报告】

测试结束后,可在软件里生成报告,报告格式如实训 5-表 1 所示。

实训 5-表 1　多方向位姿准确度变动

工况	名称	vAP_p/mm	vAP_a/(°)	vAP_b/(°)	vAP_c/(°)
负载(kg) 速度(m/s)	P_1	—	—	—	—
	P_2	—	—	—	—
	P_4	—	—	—	—

【思考题】

1. 指令位姿取点依据是什么?
2. 示教程序时,机器人分别以 X、Y、Z,及正、负哪一方向运动至指令位姿?
3. 请分析"多方向位姿"(即实训 5)与"位姿"(即实训 4)项目,测试目的有何区别。

实训6　工业机器人性能测量

——距离准确度和距离重复性

【试验目的】

1.熟悉机器人距离准确度和距离重复性的基本概念；

2.理解机器人距离准确度和距离重复性的基本原理；

3.学会使用 ARTS 测量机器人距离准确度和距离重复性。

【试验仪器】

同实训 3。

【试验原理】

利用激光跟踪仪采集机器人空间位置坐标,通过 ARTS 软件分析计算,得到机器人精度误差值。

具体试验原理可见本书第 2 章 2.5 节"距离准确度和距离重复性"。

【注意事项】

1.固定靶球防摔夹片；

2.切勿用手、布、棉等任何物件触摸靶球镜面；

3.仪器于地面摆放稳固、卡盘卡紧；

4.测试过程中,不得有任何人或物体穿越跟踪仪与被测机器人之间的区域。

【试验步骤与内容】

1.输入指令位姿

首先,初始化所有的指令位姿(测试位姿),步骤同前。

其次,修改、设置指令位姿。

（1）在软件界面左侧功能列表中点击"距离"。

（2）按照被测机器人调试好的实际位姿数据,在"距离"窗口右下方的"指令位姿"表格中修改位姿 $xyzabc$,如实训 6-图 1 所示。

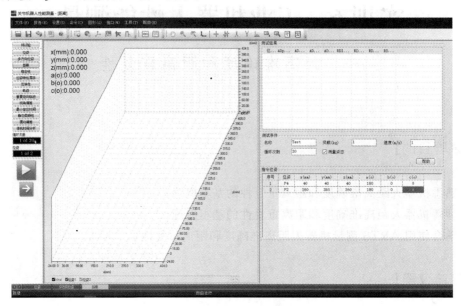

实训 6-图 1　修改位姿

（3）如果机器人位姿以其他形式表示,在表格中点击鼠标右键,弹出右键菜单,选择位姿形式:T6 阵、四元素、ZYZ 角,输入对应数值,单击"确定"后自动转化,如实训 6-图 2 所示。

（4）指令位姿输入完毕后,在表格中点击鼠标右键,弹出右键菜单,选择"刷新",使修改后的指令位姿正式应用,如实训 6-图 3 所示。

设置完指令位姿,一定要用"刷新"命令,否则该设置不会应用到软件。

2.预试验

为确保试验顺利有效运行,在正式试验开始之前,系统首先通过预试验来得到各个位姿的坐标值。

具体步骤见实训 4。

3.距离试验

设定测试条件,将机器人运行至 P_2 点,再在软件左下角单击"开始"按钮,待机器人开启自动循环模式运行即可。

循环结束后,在软件右上方显示本次试验结果,如实训 6-图 4 所示。

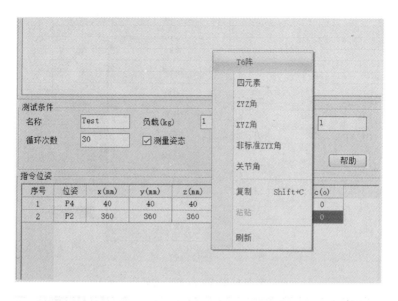

实训 6-图 2　位姿形式转化

【数据记录及报告】

测试结束后,可在软件里生成报告,报告格式如实训 6-表 1 所示。

实训 6-表 1　距离准确度和距离重复性

工况	名称	AD_p/mm	AD_a/(°)	AD_b/(°)	AD_c/(°)	RD_t/mm	RD_a/(°)	RD_b/(°)	RD_c/(°)
负载(kg) 速度(m/s)	$P_4{\sim}P_2$	—	—	—	—	—	—	—	—

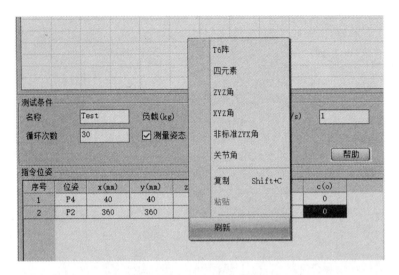

实训 6-图 3　位姿形式转化

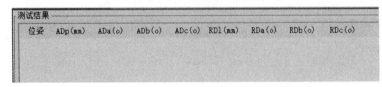

实训 6-图 4　试验结果

【思考题】

1. 指令位姿取点依据是什么？

2. 请分析不同的测试条件（满载、空载、100％运行速度、10％运行速度）对测试结果的影响。

3. 距离结果是否含有正负，为什么？

实训 7　工业机器人性能测量

——位置稳定时间和超调量

【试验目的】

1. 熟悉机器人位置稳定时间和超调量的基本概念；
2. 理解机器人位置稳定时间和超调量的基本原理；
3. 学会使用 ARTS 测量机器人位置稳定时间和超调量。

【试验仪器】

同实训 3。

【试验原理】

利用激光跟踪仪采集机器人空间位置坐标，通过 ARTS 软件分析计算，得到机器人精度误差值。

具体试验原理可见本书第 2 章 2.6、2.7 节"位置稳定时间"和"位置超调量"。

【注意事项】

1. 固定靶球防摔夹片；
2. 切勿用手、布、棉等任何物件触摸靶球镜面；
3. 仪器于地面摆放稳固、卡盘卡紧；
4. 测试过程中，不得有任何人或物体穿越跟踪仪与被测机器人之间的区域。

【试验步骤与内容】

1. 输入指令位姿

首先，初始化所有的指令位姿（测试位姿），步骤同前。

其次,修改、设置指令位姿。

(1)在软件界面左侧功能列表中点击"稳定性"。

(2)按照被测机器人调试好的实际位姿数据,在"稳定性"窗口右下方的"指令位姿"表格中修改位姿 xyz,如实训 7-图 1 所示。

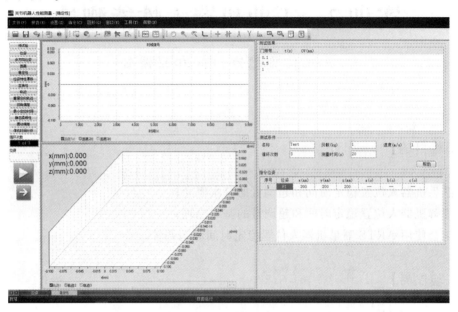

实训 7-图 1　修改位姿

(3)此项目不需要测姿态,故不必填写角度 abc。

(4)指令位姿输入完毕后,在表格中点击鼠标右键,弹出右键菜单,选择"刷新",使修改后的指令位姿正式应用,如实训 7-图 2 所示。

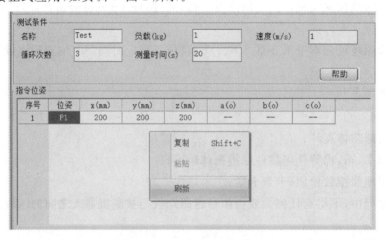

实训 7-图 2　应用指令位姿

设置完指令位姿,一定要用"刷新"命令,否则该设置不会应用到软件。

2. 预试验

本项目无须进行预试验。

3. 稳定性试验

设定测试条件,将机器人运行至非被测点,再在软件左下角点击"开始"按钮,待机器人开启自动循环模式运行即可。

循环结束后,在软件右上方显示本次试验结果。

在结果界面右击,选择"插入"命令,可以自己设置门限带,如实训 7-图 3 所示。

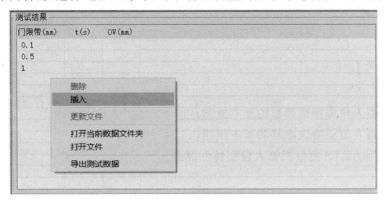

实训 7-图 3　插入

【数据记录及报告】

测试结束后,可在软件里生成报告,报告格式如实训 7-表 1 所示。

实训 7-表 1　位置稳定时间和超调量

工况	名称	门限带/mm	t/s	OV/mm
负载(kg) 速度(m/s)	P_1	0.1	—	—
		0.5	—	—
		1	—	—
		—	—	—
		—	—	—

【思考题】

1. 门限带如何选择?

2. 由本试验引发联想,哪些行业需关注机器人稳定性?

实训 8　工业机器人性能测量

——位姿特性漂移

【试验目的】

1. 熟悉机器人位姿特性漂移的基本概念；
2. 理解机器人位姿特性漂移的基本原理；
3. 学会使用 ARTS 测量机器人位姿特性漂移。

【试验仪器】

同实训 3。

【试验原理】

利用激光跟踪仪采集机器人空间位置坐标，通过 ARTS 软件分析计算，得到机器人精度误差值。

具体试验原理可见本书第 2 章 2.8 节"位姿特性漂移"。

【注意事项】

1. 固定靶球防摔夹片；
2. 切勿用手、布、棉等任何物件触摸靶球镜面；
3. 仪器于地面摆放稳固、卡盘卡紧；
4. 测试过程中，不得有任何人或物体穿越跟踪仪与被测机器人之间的区域。

【试验步骤与内容】

1. 输入指令位姿

首先，初始化所有的指令位姿（测试位姿），步骤同前。

其次,修改、设置指令位姿。

(1) 在软件界面左侧功能列表中点击"位姿特性漂移"。

(2) 按照被测机器人调试好的实际位姿数据,在"位姿特性漂移"窗口右下方的"指令位姿"表格中修改位姿 $xyzabc$,如实训 8-图 1 所示。

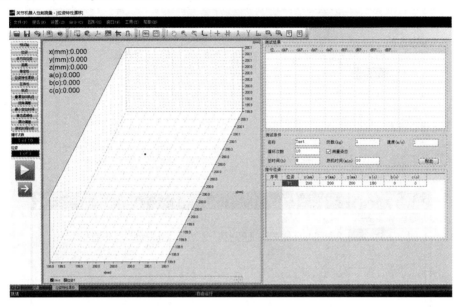

实训 8-图 1 修改位姿

(3) 如果机器人位姿以其他形式表示,在表格中点击鼠标右键,弹出右键菜单,选择位姿形式:T6 阵、四元素、ZYZ 角,输入对应数值,单击"确定"后自动转化,如实训 8-图 2 所示。

(4) 指令位姿输入完毕后,在表格中点击鼠标右键,弹出右键菜单,选择"刷新",使修改后的指令位姿正式应用,如实训 8-图 3 所示。

☀ 设置完指令位姿,一定要用"刷新"命令,否则该设置不会应用到软件。

2. 预试验

为确保试验顺利有效运行,在正式试验开始之前,系统首先通过预试验来得到各个位姿的坐标值。

具体步骤见实训 4。

3. 位姿特性漂移试验

设定测试条件,将机器人运行至 P_2 点,再在软件左下角单击"开始"按钮,待机器人开启自动循环模式运行即可。

循环结束后,在软件右上方显示本次试验结果,如实训 8-图 4 所示。

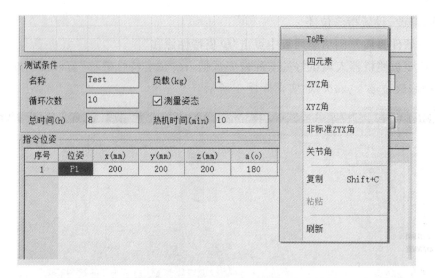

实训 8-图 2　位姿形式转化

实训 8-图 3　应用指令位姿

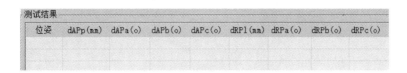

实训 8-图 4 试验结果

【数据记录及报告】

测试结束后,可在软件里生成报告,报告格式如实训 8-表 1:

实训 8-表 1 位姿特性漂移

工况	名称	dAP_p/mm	dAP_a/(°)	dAP_b/(°)	dAP_c/(°)	dRP_l/mm	dRP_a/(°)	dRP_b/(°)	dRP_c/(°)
负载(kg) 速度(m/s)	P_1	—	—	—	—	—	—	—	—

【思考题】

1. 位姿特性漂移的应用场景有哪些?

2. 依照 GB/T 12642—2013 测试标准,机器人需关机冷却 8 小时以上再进行测试,为什么?

3. 请分析不同的测试条件(满载、空载、100%运行速度、10%运行速度)对测试结果的影响。

实训 9　工业机器人性能测量

——轨迹准确度和轨迹重复性、轨迹速度特性

【试验目的】

1.熟悉机器人轨迹准确度和轨迹重复性、轨迹速度特性的基本概念；

2.理解机器人轨迹准确度和轨迹重复性、轨迹速度特性的基本原理；

3.学会使用 ARTS 测量机器人轨迹准确度和轨迹重复性、轨迹速度特性。

【试验仪器】

同实训 3。

【试验原理】

利用激光跟踪仪采集机器人空间位置坐标，通过 ARTS 软件分析计算，得到机器人精度误差值。

具体试验原理可见本书第 2 章 2.10 节"轨迹准确度和轨迹重复性"、2.13 节"轨迹速度特性"。

【注意事项】

1.固定靶球防摔夹片；

2.切勿用手、布、棉等任何物件触摸靶球镜面；

3.仪器于地面摆放稳固、卡盘卡紧；

4.测试过程中，不得有任何人或物体穿越跟踪仪与被测机器人之间的区域。

【试验步骤与内容】

1. 输入指令位姿

首先，初始化所有的指令位姿（测试位姿），步骤同前，结果如实训 9-图 1 所示。

序号	位姿	x	y	z	a	b	c
	描述 直线轨迹(E1-E2)			类型 直线			
1	起始位姿	360	360	360	---	---	---
2	到达位姿	360	40	360	---	---	---

实训 9-图 1　初始化指令位姿

其次，修改、设置指令位姿。

（1）在软件界面左侧功能列表中点击"轨迹"。

（2）按照被测机器人调试好的实际位姿数据，在"位姿特性漂移"窗口右下方的"指令位姿"表格中修改位姿 $xyzabc$，如实训 9-图 2 所示。

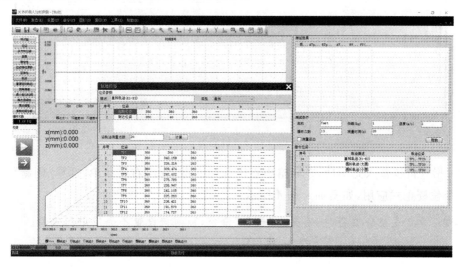

实训 9-图 2　修改位姿

（3）如果机器人位姿以其他形式表示，在表格中点击鼠标右键，弹出右键菜单，选择位姿形式：T6 阵、四元素、ZYZ 角，输入对应数值，单击"确定"后自动转化，如实训 9-图 3 所示。

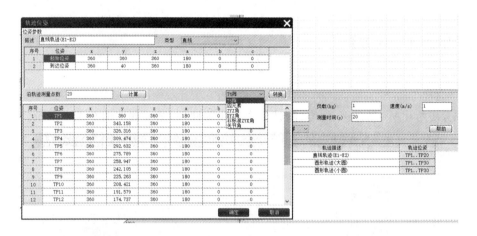

实训 9-图 3　位姿形式转化

（4）指令位姿输入完毕后，在表格中点击鼠标右键，弹出右键菜单，选择"刷新"，使修改后的指令位姿正式应用，如实训 9-图 4 所示。

☀ 设置完指令位姿，一定要用"刷新"命令，否则该设置不会应用到软件。

2. 预试验

为确保试验顺利有效运行，在正式试验开始之前，系统首先通过预试验来得到各个位姿的坐标值。

具体方法见实训 4。

3. 轨迹试验

设定测试条件，将机器人运行至起始位置点，再在软件左下角点击"开始"按钮，待机器人开启自动循环模式运行即可。

循环结束后，在软件右上方显示本次试验结果，如实训 9-图 5 所示。

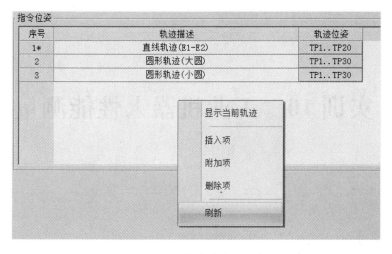

实训 9-图 4　指令位姿正式应用

实训 9-图 5　试验结果

【数据记录及报告】

测试结束后,可在软件里生成报告,报告格式见实训 9-表 1 及实训 9-表 2。

实训 9-表 1　轨迹准确度和轨迹重复性

工况	轨迹描述	AT_p/mm	AT_a/(°)	AT_b/(°)	AT_c/(°)	RT_p/mm	RT_a/(°)	RT_b/(°)	RT_c/(°)
负载(kg)	直线轨迹	—	—	—	—	—	—	—	—
速度(m/s)	$(E_1 \sim E_2)$								

实训 9-表 2　轨迹速度特性

工况	轨迹描述	$AV/\%$	$RV/\%$	$FV/(\mathrm{m \cdot s^{-1}})$
负载(kg)	直线轨迹($E_1 \sim E_2$)	—	—	—
速度(m/s)				

【思考题】

1. 测量轨迹姿态的依据是什么?
2. 轨迹测试精度和位姿精度的区别是什么? 它们是否有可比性?
3. 输入指令位姿时,角度 abc 如何正确填写?

实训 10　工业机器人性能测量

——重复定向轨迹准确度

【试验目的】

1. 熟悉机器人重复定向轨迹准确度的基本概念；
2. 理解机器人重复定向轨迹准确度的基本原理；
3. 学会使用 ARTS 测量机器人重复定向轨迹准确度。

【试验仪器】

同实训 3。

【试验原理】

利用激光跟踪仪采集机器人空间位置坐标，通过 ARTS 软件分析计算，得到机器人精度误差值。

具体试验原理可见本书第 2 章 2.11 节"重复定向轨迹准确度"。

【注意事项】

1. 固定靶球防摔夹片；
2. 切勿用手、布、棉等任何物件触摸靶球镜面；
3. 仪器于地面摆放稳固、卡盘卡紧；
4. 测试过程中，不得有任何人或物体穿越跟踪仪与被测机器人之间的区域。

【试验步骤与内容】

1. 输入指令位姿

首先，初始化所有的指令位姿（测试位姿），步骤同前。

其次,修改、设置指令位姿。

(1) 在软件界面左侧功能列表中点击"轨迹"。

(2) 按照被测机器人调试好的实际位姿数据,在"轨迹"窗口右下方的"指令位姿"表格中修改位姿 $xyzabc$,如实训 10-图 1 所示。

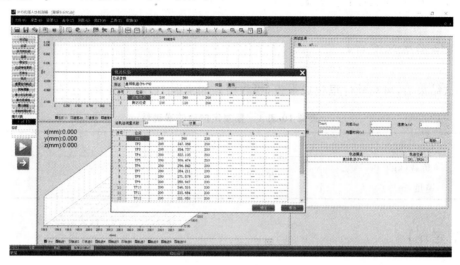

实训 10-图 1　修改位姿

(3) 本项目不需要测试姿态,故无须输入角度信息。

(4) 指令位姿输入完毕,在表格中单击鼠标右键,弹出右键菜单,选择"刷新",使修改后的指令位姿正式应用,如实训 10-图 2 所示。

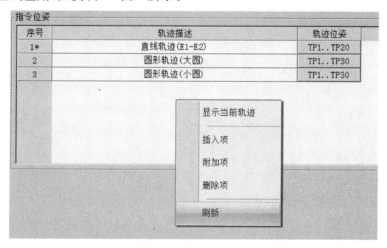

实训 10-图 2　指令位姿正式应用

设置完指令位姿,一定要用"刷新"命令,否则该设置不会应用到软件。

2. 预试验

本试验无须进行预试验。

3.重复定向轨迹试验

设定测试条件,将机器人运行至起始位置点,再在软件左下角点击"开始"按钮,待机器人开启自动循环模式运行即可。

循环结束后,在软件右上方显示本次试验结果。

【数据记录及报告】

测试结束后,可在软件里生成报告,报告格式如实训 10-表 1 所示。

实训 10-表 1　重复定向轨迹准确性

工况	轨迹描述	$AT(mm)$
负载(kg) 速度(m/s)	直线轨迹(P_6-P_9)	—

【思考题】

1. 测量重复定向轨迹准确度的依据有哪些,如何编程?
2. 此项目测试的实际应用意义是什么?

实训 11　工业机器人性能测量

——拐角偏差

【试验目的】

1. 熟悉机器人拐角偏差的基本概念；
2. 理解机器人拐角偏差的基本原理；
3. 学会使用 ARTS 测量机器人拐角偏差。

【试验仪器】

同实训 3。

【试验原理】

利用激光跟踪仪采集机器人空间位置坐标，通过 ARTS 软件分析计算，得到机器人精度误差值。

具体试验原理可见本书第 2 章 2.12 节"拐角偏差"。

【注意事项】

1. 固定靶球防摔夹片；
2. 切勿用手、布、棉等任何物件触摸靶球镜面；
3. 仪器于地面摆放稳固、卡盘卡紧；
4. 测试过程中，不得有任何人或物体穿越跟踪仪与被测机器人之间的区域。

【试验步骤与内容】

1. 输入指令位姿

首先，初始化所有的指令位姿（测试位姿），步骤同前，结果如实训 11-图 1 所示。

指令位姿							
序号	位姿	x(mm)	y(mm)	z(mm)	a(o)	b(o)	c(o)
1	E1	360	360	360	---	---	---
2	E2	360	40	360	---	---	---
3	E3	40	40	40	---	---	---
4	E4	40	360	40	---	---	---

实训 11-图 1　初始化指令位姿

其次,修改、设置指令位姿。

(1) 在软件界面左侧功能列表中点击"拐角偏差"。

(2) 按照被测机器人调试好的实际位姿数据,在"拐角偏差"窗口右下方的"指令位姿"表格中修改位姿 xyz,如实训 11-图 2 所示。

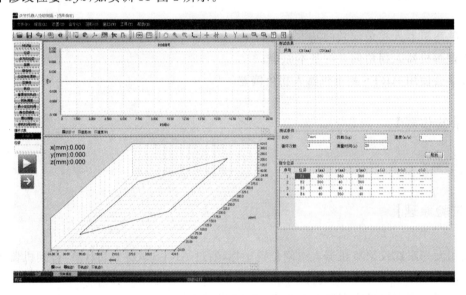

实训 11-图 2　修改位姿

(3) 测试拐角偏差无须输入姿态。

(4) 指令位姿输入完毕,在表格中单击鼠标右键,弹出右键菜单,选择"刷新",使修改后的指令位姿正式应用,如实训 11-图 3 所示。

设置完指令位姿,一定要用"刷新"命令,否则该设置不会应用到软件。

2. 预试验

本试验无须进行预试验。

3. 拐角偏差试验

设定测试条件,将机器人运行至起始位置点,再在软件左下角点击"开始"按钮,待机器人开启自动循环模式运行即可。

循环结束后,在软件右上方显示本次试验结果,如实训 11-图 4 所示。

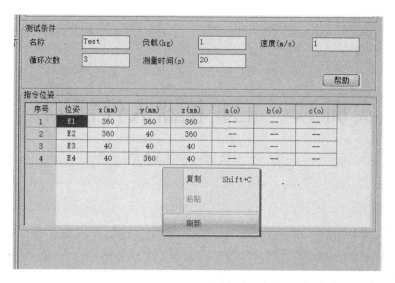

实训 11-图 3　指令位姿正式应用

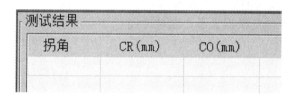

实训 11-图 4　试验结果

【数据记录及报告】

测试结束后,可在软件里生成报告,报告格式如实训 11-表 1 所示。

实训 11-表 1　拐角偏差

工况	名称	CR/mm	CO/mm
负载 1 kg 速度 1 m/s	E_1	—	—
	E_2	—	—
	E_3	—	—
	E_4	—	—

【思考题】

1. 选取被测点有何限定条件?

2. 本项目的测试应用在哪类机器人领域比较多?

实训 12　工业机器人性能测量

——最小定位时间

【试验目的】

1. 熟悉机器人最小定位时间的基本概念；
2. 理解机器人最小定位时间的基本原理；
3. 学会使用 ARTS 测量机器人最小定位时间。

【试验仪器】

同实训 3。

【试验原理】

利用激光跟踪仪采集机器人空间位置坐标，通过 ARTS 软件分析计算，得到机器人精度误差值。

具体试验原理可见本书第 2 章 2.14 节"最小定位时间"。

【注意事项】

1. 固定靶球防摔夹片；
2. 切勿用手、布、棉等任何物件触摸靶球镜面；
3. 仪器于地面摆放稳固、卡盘卡紧；
4. 测试过程中，不得有任何人或物体穿越跟踪仪与被测机器人之间的区域。

【试验步骤与内容】

1. 输入指令位姿

首先，初始化所有的指令位姿（测试位姿），步骤同前，结果如实训 12-图 1 所示。

此项目采用国标默认参数,当机器人大小不一,不能达到条件时,应适当做出调整。

序号	起始位姿	到达位姿	距离(mm)
1	P1	P1+1	-10
2	P1+1	P1+2	20
3	P1+2	P1+3	-50
4	P1+3	P1+4	100
5	P1+4	P1+5	-200
6	P1+5	P1+6	500
7	P1+6	P1+7	-1000

实训 12-图 1　初始化指令位姿

其次,修改、设置指令位姿。

(1) 在软件界面左侧功能列表中点击"最小定位时间"。

(2) 依据国标,采用默认设置。

(3) 此试验不含姿态。

(4) 指令位姿输入完毕,在表格中单击鼠标右键,弹出右键菜单,选择"刷新",使修改后的指令位姿正式应用,如实训 12-图 2 所示。

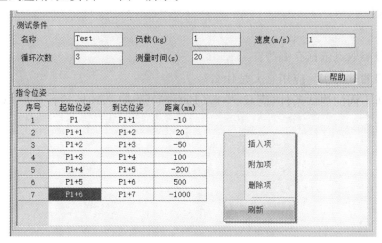

实训 12-图 2　指令位姿正式应用

设置完指令位姿,一定要用"刷新"命令,否则该设置不会应用到软件。

2.预试验

本试验无须进行预试验。

3.最小定位时间试验

设定测试条件,将机器人运行至起始位置点,再在软件左下角点击"开始"按钮,待机器人开启自动循环模式运行即可。

循环结束后,在软件右上方显示本次试验结果,如实训 12-图 3 所示。

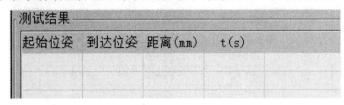

实训 12-图 3　试验结果

【数据记录及报告】

测试结束后,可在软件里生成报告,报告格式如实训 12-表 1 所示。

实训 12-表 1　最小定位时间

工况	起始位姿	到达位姿	距离/mm	t/s
负载 1 kg 速度 1 m/s	P_1	P_1+7	1880.000	—

【思考题】

1. 指令位姿取点依据有哪些?

2. 本项目测试的实际应用意义是什么?

3. 请分析不同的测试条件(满载、空载、100％运行速度、10％运行速度)对测试结果的影响。

实训 13　工业机器人性能测量

——摆动偏差

【试验目的】

1.熟悉机器人摆动偏差的基本概念；

2.理解机器人摆动偏差的基本原理；

3.学会使用 ARTS 测量机器人摆动偏差。

【试验仪器】

同实训 3。

【试验原理】

利用激光跟踪仪采集机器人空间位置坐标,通过 ARTS 软件分析计算,得到机器人精度误差值。

具体试验原理可见本书第 2 章 2.16 节"摆动偏差"。

【注意事项】

1.固定靶球防摔夹片；

2.切勿用手、布、棉等任何物件触摸靶球镜面；

3.仪器于地面摆放稳固、卡盘卡紧；

4.测试过程中,不得有任何人或物体穿越跟踪仪与被测机器人之间的区域。

【试验步骤与内容】

1.输入指令位姿

首先,初始化所有的指令位姿(测试位姿),步骤同前,结果如实训 13-图 1 所示。

测试条件						
名称	Test	负载(kg)	1	速度(m/s)	1	
循环次数	1	测量时间(s)	20	摆幅(mm)	100	
摆动距离(mm)	100	摆动速度(m/s)	1			帮助

指令位姿		
序号	轨迹描述	轨迹位姿
1	锯齿状摆动轨迹	NULL

实训 13-图 1　初始化指令位姿

其次,修改、设置指令位姿。

(1) 在软件界面左侧功能列表中点击"摆动偏差"。

(2) 按照被测机器人调试好的实际位姿数据,在"摆动偏差"窗口右下方的"测试条件"表格中修改各个参数,如实训 13-图 2 所示。

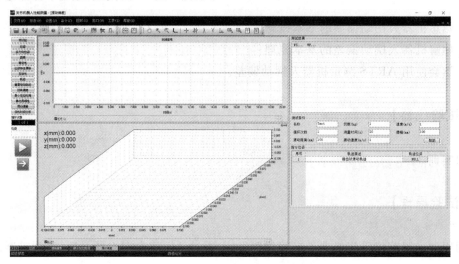

实训 13-图 2　修改指令位姿

(3) 此项目不含姿态。

(4) 指令位姿输入完毕,在表格中单击鼠标右键,弹出右键菜单,选择"刷新",使修改后的指令位姿正式应用,如实训 13-图 3 所示。

💡 设置完指令位姿,一定要用"刷新"命令,否则该设置不会应用到软件。

2. 预试验

此项目无须进行预试验。

3. 开始摆动偏差试验

设定测试条件,将机器人运行至起始位置点,再在软件左下角点击"开始"按钮,待机器人开启自动循环模式运行即可。

循环结束后,在软件右上方显示本次试验结果,如实训 13-图 4 所示。

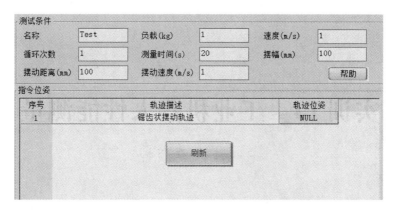

实训 13-图 3　指令位姿正式应用

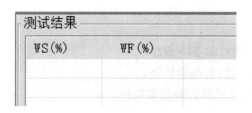

实训 13-图 4　试验结果

【数据记录及报告】

测试结束后,可在软件里生成报告,报告格式如实训 13-表 1 所示。

实训 13-表 1　摆动偏差

工况	摆幅/mm	距离/mm	WS/%	WF/%
负载(kg) 速度(m/s)	100.000	100.000	—	—

【思考题】

1. 指令位姿取点依据有哪些?
2. 本项目测试的实际应用领域会是哪些?
3. 摆频误差和摆幅误差分别受什么因素影响?

实训 14　工业机器人性能测量

——静态柔顺性

【试验目的】

1. 熟悉机器人静态柔顺性的基本概念；
2. 理解机器人静态柔顺性的基本原理；
3. 学会使用 ARTS 测量机器人静态柔顺性。

【试验仪器】

同实训 3。

【试验原理】

利用激光跟踪仪采集机器人空间位置坐标，通过 ARTS 软件分析计算，得到机器人精度误差值。

具体试验原理可见本书第 2 章 2.15 节"静态柔顺性"。

【注意事项】

1. 固定靶球防摔夹片；
2. 切勿用手、布、棉等任何物件触摸靶球镜面；
3. 仪器于地面摆放稳固、卡盘卡紧；
4. 测试过程中，不得有任何人或物体穿越跟踪仪与被测机器人之间的区域。

【试验步骤与内容】

1. 输入指令位姿

首先，初始化所有的指令位姿（测试位姿），步骤同前，结果如实训 14-图 1 所示。

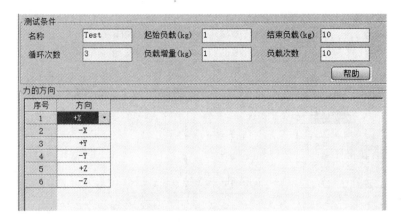

实训 14-图 1　初始化指令位姿

其次,修改、设置指令位姿。

(1) 在软件界面左侧功能列表中点击"静态柔顺性"。

(2) 按照被测机器人调试好的实际位姿数据,在"静态柔顺性"窗口右下方的"测试条件"表格中修改参数,如实训 14-图 2 所示。

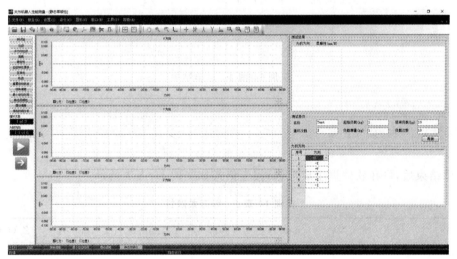

实训 14-图 2　修改参数

(3) 本项目不含姿态。

(4) 指令位姿输入完毕,在表格中单击鼠标右键,弹出右键菜单,选择"刷新",使修改后的指令位姿正式应用,如实训 14-图 3 所示。

设置完指令位姿,一定要用"刷新"命令,否则该设置不会应用到软件。

2. 预试验

本试验无须做预试验。

3. 静态柔顺性试验

设定测试条件,调节好外置装置。将机器人运行至某一点时,按装置的设置、安装条件,

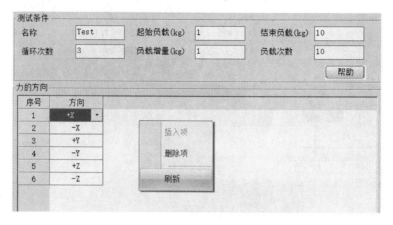

实训 14-图 3　指令位姿正式应用

向各个方向施加作用力。

循环结束后,在软件右上方显示本次试验结果,如实训 14-图 4 所示。

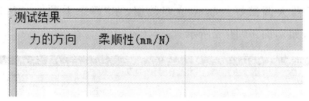

实训 14-图 4　试验结果

【数据记录及报告】

测试结束后,可在软件里生成报告,报告格式如实训 14-表 1 所示。

实训 **14-表 1**　静态柔顺性

工况	$+X/(\text{mm/N})$	$-X/(\text{mm/N})$	$+Y/(\text{mm/N})$	$-Y/(\text{mm/N})$	$+Z/(\text{mm/N})$	$-Z/(\text{mm/N})$
负载 1 kg→10 kg 增量 1 kg	—	—	—	—	—	—

【思考题】

1. 增重条件调试的依据有哪些?

2. 如何理解静态柔顺性这一概念?

3. 请分析不同的测试条件下对测试结果的影响。

实训 15 工业机器人性能提升

——SCARA 机器人

【试验目的】

1.熟悉 SCARA 机器人校准的基本概念；
2.理解 SCARA 机器人校准的基本原理；
3.学会使用 ARTS 校准 SCARA 机器人，提升机器人性能。

【试验仪器】

同实训 3，另需 SCARA 机器人一台。

【试验原理】

利用激光跟踪仪采集机器人空间位置坐标，结合理论模型与实际机器人 D-H 参数，通过 ARTS 软件分析计算，得到机器人精度误差值以及 D-H 参数补偿值。

具体试验原理可见本书第 4 章"工业机器人标定技术"。

【注意事项】

1.固定靶球防摔夹片；
2.切勿用手、布、棉等任何物件触摸靶球镜面；
3.仪器于地面摆放稳固，卡盘卡紧；
4.测试过程中，不得有任何人或物体穿越跟踪仪与被测机器人之间的区域。

【试验步骤与内容】

1.试验前准备

（1）跟踪仪安装：正确安装激光跟踪仪。

（2）打开跟踪仪电源，开启工业机器人测量软件，进入"机器人校准"功能主界面，并点击进入"SCARA"模块，如实训 15-图 1 所示。

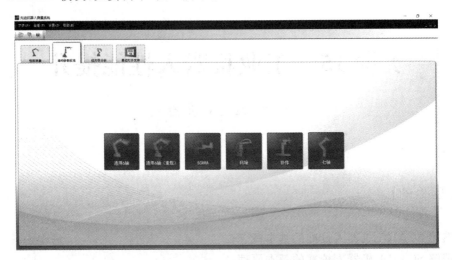

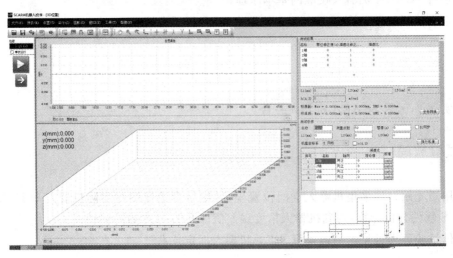

实训 15-图 1　"SCARA"模块

（3）StartupChecks：对跟踪仪进行启动检查。

（4）CompIT：对激光跟踪仪进行自我补偿和角度精度确认，通过后可以开始使用。
以上详细步骤请参考实训 3。

2.机器人位姿准备

（1）将激光束集中到 TCP 靶球中心。

（2）在示教器上，工具坐标系选"0"系，设置低速示教。

（3）使用示教器的"轴操作键（XYZABC）"，分别调整机械臂的 X、Y、Z、A、B、C，改变位姿，然后将当前位置值定义为 P_{51}，并在 Excel 文档中记录示教点的关节值，如实训 15-图 2 所示。

（4）继续使用示教器的"轴操作键（XYZABC）"，分别调整机械臂的 X、Y、Z、A、B、C，改变位姿，定义剩余的 49 个点，并在 Excel 文档中依次记录每个示教点的关节值。

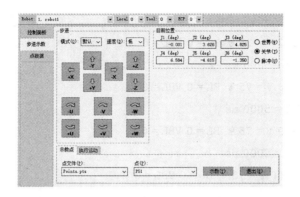

	A	B	C	D	E
1	J1	J2	J3	J4	
2	74.43919	2.374255	20.09683	46.20389	
3	53.53039	-25.5975	69.41656	-25.789	
4	79.33519	-61.6551	9.976991	-38.006	
5	-30.0472	30.15934	113.1528	-64.7672	

实训 15-图 2　示教点的关节值

☀ 在所有示教点中,激光跟踪仪要一直追踪到 TCP 靶球,能测量到 TCP 的位置。要求示教点的运动范围涵盖越大越好。

(5) 如在示教过程中,激光跟踪仪没有追踪到 SMR,应暂停示教。

☀ 请勿手动调整 SMR 的开口方向,以免其他位姿跟踪不到。

(6) 将机器人示教到前一个位姿,使激光束手动瞄准到 TCP SMR。

(7) 重复步骤 4,继续示教剩余位姿。

(8) 机器人编程实现按顺序依次运动到 50 个示教点,参考以下两个编程实例。

例 1:

```
0000 NOP
0001 MOVL P51 V = 75 % BL = 0 VBL = 0      '直接插补方式移动至目标位置
0002 TIMER T = 5000 ms      '延时
0003 MOVL P52 V = 75 % BL = 0 VBL = 0
0004 TIMER T = 5000 ms
0005 MOVL P53 V = 75 % BL = 0 VBL = 0
0006 TIMER T = 5000 ms
0007 MOVL P54 V = 75 % BL = 0 VBL = 0
0008 TIMER T = 5000 ms
0009 MOVL P55 V = 75 % BL = 0 VBL = 0
0010 TIMER T = 5000 ms
      ……
0091 MOVL P96 V = 75 % BL = 0 VBL = 0      '直接插补方式移动至目标位置
```

```
0092 TIMER T = 5000 ms      '延时
0093 MOVL P97 V = 75 %  BL = 0 VBL = 0
0094 TIMER T = 5000 ms
0095 MOVL P98 V = 75 %  BL = 0 VBL = 0
0096 TIMER T = 5000 ms
0097 MOVL P99 V = 75 %  BL = 0 VBL = 0
0098 TIMER T = 5000 ms
0099 MOVL P100 V = 75 %  BL = 0 VBL = 0
00100 END
```

例 2：

```
Function main
If Motor = Off Then
Motor On
EndIf
Power High
SpeedS 1000
AccelS 1000，1000
Go P51
Wait 5
Move P52
Wait 5
Move P53
Wait 5
Move P54
Wait 5
Move P55
Wait 5
……
Move P96
Wait 5
Move P97
Wait 5
Move P98
Wait 5
Move P99
Wait 5
Move P100
```

Fend

（9）机器人示教到 P_{51} 点，确保激光束集中到 TCP 靶球中心，然后自动运行程序模拟测试。50 个点自动运行完，若激光跟踪仪一直能跟踪到 SMR，即通过模拟测试，可以开始正式试验。否则请调到步骤 5，重新调整位姿。

3. 正式试验

（1）在软件界面右下方"测试条件"处操作，如实训 15-图 3 所示。

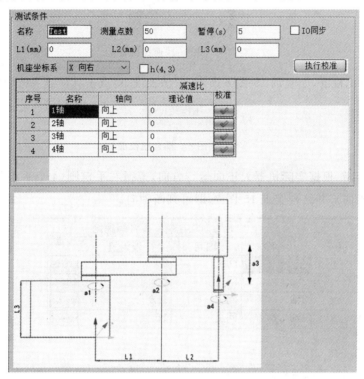

实训 15-图 3　测试条件

①在测试条件中，将机器人杆长、理论减速比等信息填写至相应位置，如实训 15-图 4 所示。

实训 15-图 4　填写信息

②减速比设置,如实训 15-图 5 所示,可对任意减速比选择是否校准,打钩代表校准,否则为不校准。

减速比	
理论值	校准
0	✔
0	✔
0	✔
0	✔

实训 15-图 5　减速比设置

③h 为耦合比校准,如实训 15-图 6 所示,若需校准,可点击其前面方框以选择。

实训 15-图 6　耦合比校准

④轴向的判断:根据实际机器人正向运行方向,遵循右手定则(4 个手指是运动方向,大拇指所指即为轴向),并结合实训 15-图 7,即可判断轴向。

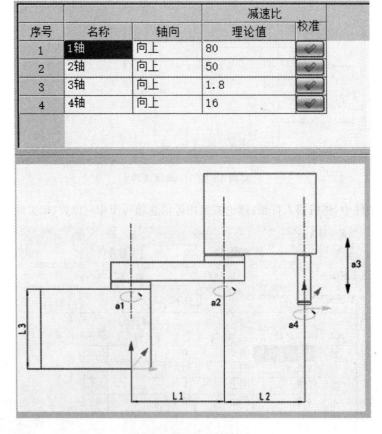

序号	名称	轴向	减速比	
			理论值	校准
1	1轴	向上	80	✔
2	2轴	向上	50	✔
3	3轴	向上	1.8	✔
4	4轴	向上	16	✔

实训 15-图 7　判断轴向

⑤参考零位：结合软件界面右下方图，如机器人实际零位（即各关节都为 0°的情况）与该图相符，即参考零位全为 0。如机器人调整成其他状态，某些关节含有角度，如三轴 90°，需在三轴处填写 – 90°。

（2）左键单击"校准数据"按钮，再单击右键，然后点击"导入"，选择记录关节值的 Excel 文档，如实训 15-图 8 所示。Excel 文件需保存为"Excel 97 – 2003 工作簿"格式。

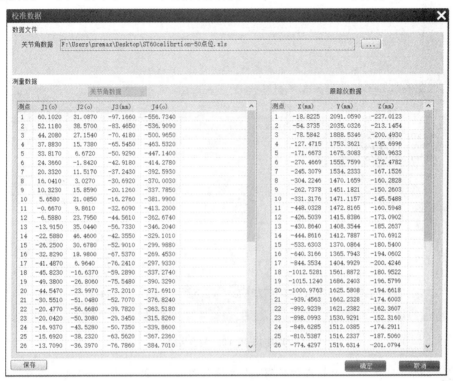

实训 15-图 8　导入文档

（3）开始测试：点击"开始"按钮，如实训 15-图 9 所示。

实训 15-图 9　开始测试

（4）机器人开始自动运行。

（5）软件依次自动测量 50 个示教点的位置（XYZ）。

（6）测试完成后，自动计算校准结果，如实训 15-图 10 所示。

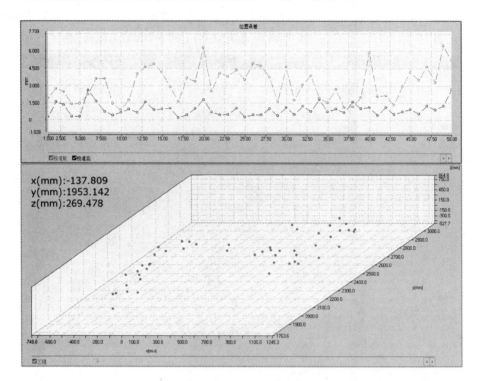

实训 15-图 10　校准结果

也可以先测试示教点的位置，然后导入关节值，再手动点击"执行校准"命令。

【数据记录及报告】

测试结束后，可在软件里生成报告，报告格式如实训 15-表 1 所示。

实训 15-表 1　测试报告

名称	零位修正值/(°)	减速比修正因子	减速比
1 轴	—	—	—
2 轴	—	—	—
3 轴	—	—	—
4 轴	—	—	—
5 轴	—	—	—
6 轴	—	—	—

续表

名称	零位修正值/°	减速比修正因子	减速比
$L_1 =--\text{mm}$，$L_2 =--\text{mm}$，$L_3 =--\text{mm}$			
校准前：$Max=--\text{mm}$，$Avg=--\text{mm}$，$RMS=--\text{mm}$ 校准后：$Max=--\text{mm}$，$Avg=--\text{mm}$，$RMS=--\text{mm}$			
测量坐标转换机座坐标： N：　—— —— 　—— O：　—— —— —— A：　—— —— 　—— P：　—— —— ——			

【思考题】

1. 示教位姿取点的依据是什么？
2. Scara 机器人左右手系对机器人精度有何影响？
3. 选取位姿坐标时，取关节角值还是基坐标值？

实训 16　工业机器人性能提升

——工业六轴机器人

【试验目的】

1. 熟悉工业六轴机器人校准的基本概念；
2. 理解工业六轴机器人校准的基本原理；
3. 学会使用 ARTS 校准工业六轴机器人，提升机器人性能。

【试验仪器】

同实训 3，另需工业六轴机器人一台。

【试验原理】

利用激光跟踪仪采集机器人空间位置坐标，结合理论模型与实际机器人 D-H 参数，通过 ARTS 软件分析计算，得到机器人精度误差值以及 D-H 参数补偿值。

具体试验原理可见本书第 4 章"工业机器人标定技术"。

【注意事项】

1. 固定靶球防摔夹片；
2. 切勿用手、布、棉等任何物件触摸靶球镜面；
3. 仪器于地面摆放稳固、卡盘卡紧；
4. 测试过程中，不得有任何人或物体穿越跟踪仪与被测机器人之间的区域。

【试验步骤与内容】

1. 试验前准备

(1) 跟踪仪安装：正确安装激光跟踪仪。

（2）打开跟踪仪电源,开启工业机器人测量软件,进入"机器人校准"功能主界面,并点击进入"通用6轴"模块,如实训16-图1所示。

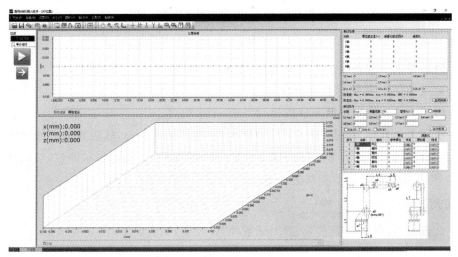

实训16-图1　功能主界面

（3）StartupChecks:对跟踪仪进行启动检查。

（4）CompIT:对激光跟踪仪进行自我补偿和角度精度确认,通过后可以开始使用。

以上详细步骤请参考实训3。

2.机器人位姿准备

（1）将激光束集中到TCP靶球中心。

（2）在示教器上,工具坐标系选"0"系,设置低速示教。

（3）使用示教器的"轴操作键(XYZABC)",分别调整机械臂的X、Y、Z、A、B、C,改变位姿,然后将当前位置值定义为P_{51},并在Excel文档中记录示教点的关节值,如实训16-图2所示。

	A	B	C	D	E	F	G
1	Theta1(o)	Theta2(o)	Theta3(o)	Theta4(o)	Theta5(o)	Theta6(o)	
2	2.104	8.883	-28.308	18.107	-42.775	-104.724	
3	-2.676	11.603	-28.507	11.941	-46.772	-97.884	
4	-5.6	12.768	-31.541	4.097	-46.645	-89.035	
5	2.02	8.097	-31.226	17.024	-48.244	-107.831	
6	0.306	4.424	-23.456	10.602	-56.742	-108.823	
7	7.339	12.978	-26.613	6.264	-59.031	-111.482	
8	13.325	14.278	-21.521	-5.284	-68.226	-108.559	

实训16-图2　示教点的关节值

（4）继续使用示教器的"轴操作键(XYZABC)",分别调整机械臂的X、Y、Z、A、B、C,改变位姿,定义剩余的49个点,并在Excel文档中依次记录每个示教点的关节值。

在所有示教点中,激光跟踪仪要能一直追踪到 TCP 靶球,能测量到 TCP 的位置。要求示教点的运动范围涵盖越大越好。

(5) 如在示教过程中,激光跟踪仪没有追踪到 SMR,应暂停示教。

请勿手动调整 SMR 的开口方向,以免其他位姿跟踪不到。

(6) 将机器人示教到前一个位姿,使激光束手动瞄准到 TCP SMR。

(7) 重复步骤 4,继续示教剩余位姿。

(8) 机器人编程实现按顺序依次运动到 50 个示教点。

(9) 机器人示教到 P_{51} 点,确保激光束集中到 TCP 靶球中心,然后自动运行程序模拟测试。50 个点自动运行完,若激光跟踪仪一直能跟踪到 SMR,即通过模拟测试,可以开始正式试验。否则请调到步骤 5,重新调整位姿。

3. 正式试验

(1) 此部分,在软件界面右下方"测试条件"处操作,如实训 16-图 3 所示。

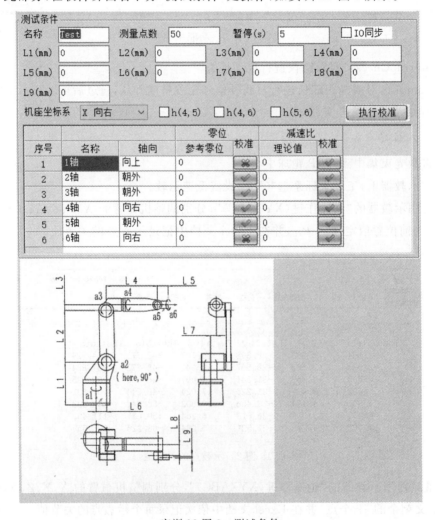

实训 16-图 3　测试条件

①在测试条件中，将机器人杆长、理论减速比等信息填写至相应位置，如实训 16-图 4 所示。

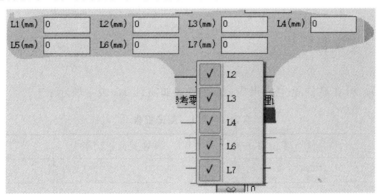

实训 16-图 4　填写信息

②连杆长度的设置，如实训 16-图 5 所示，可在空白处右击，然后根据需要逐一选择是否对某一连杆进行校准，打钩代表校准，否则为不校准。

实训 16-图 5　连杆长度设置

③减速比、耦合比、轴向判断及参考零位设置同前。

（2）左键单击"校准数据"按钮，再单击右键，然后点击"导入"，选择记录关节值的 Excel 文档。Excel 文件需保存为"Excel 97－2003 工作簿"格式。

（3）点击"开始"按钮，开始测试。

（4）机器人开始自动运行。

（5）软件依次自动测量 50 个示教点的位置（XYZ）。

（6）测试完成后，自动计算校准结果，如实训 16-图 6 所示。

也可以先测试示教点的位置，然后导入关节值，再手动点击"执行校准"命令。

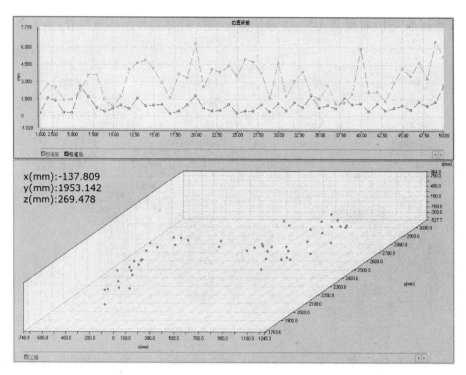

x(mm):-137.809
y(mm):1953.142
z(mm):269.478

实训 16-图 6　校准结果

【数据记录及报告】

测试结束后,可在软件里生成报告,报告格式如实训 16-表 1 所示。

实训 16-表 1　测试报告

名称	零位修正值/°	减速比修正因子	减速比
1 轴	—	—	—
2 轴	—	—	—
3 轴	—	—	—
4 轴	—	—	—
5 轴	—	—	—
6 轴	—	—	—

$L_2 = --\text{mm}$, $L_3 = --\text{mm}$, $L_4 = --\text{mm}$

$L_6 = --\text{mm}$, $L_7 = --\text{mm}$, $L_8 = --\text{mm}$

校准前: Max$=--$mm, Avg$=--$mm, RMS$=--$mm
校准后: Max$=--$mm, Avg$=--$mm, RMS$=--$mm

TCP: $X=--$mm, $Y=--$mm, $Z=--$mm

续表

测量坐标转换机座坐标：

N：　——　——　——

O：　——　——　——

A：　——　——　——

P：　——　——　——

【思考题】

1. 示教位姿取点的依据是什么？

2. 如何判断机器人轴向？

3. 如何判断机器人的参考零位？

4. 单独校准某一项或某几项，对结果是否有影响？

实训 17　工业机器人性能提升

——协作机器人

【试验目的】

1. 熟悉协作机器人校准的基本概念；
2. 理解协作机器人校准的基本原理；
3. 学会使用 ARTS 校准协作机器人，提升机器人性能。

【试验仪器】

同实训 3，另需协作机器人一台。

【试验原理】

利用激光跟踪仪采集机器人空间位置坐标，结合理论模型与实际机器人 D-H 参数，通过 ARTS 软件分析计算，得到机器人精度误差值以及 D-H 参数补偿值。

具体试验原理可见本书第 4 章"工业机器人标定技术"。

【注意事项】

1. 固定靶球防摔夹片；
2. 切勿用手、布、棉等任何物件触摸靶球镜面；
3. 仪器于地面摆放稳固、卡盘卡紧；
4. 测试过程中，不得有任何人或物体穿越跟踪仪与被测机器人之间的区域。

【试验步骤与内容】

1. 试验前准备

（1）跟踪仪安装：正确安装激光跟踪仪。

（2）打开跟踪仪电源，开启工业机器人测量软件，进入"机器人校准"功能主界面，并点击进入"协作"模块，如实训 17-图 1 所示。

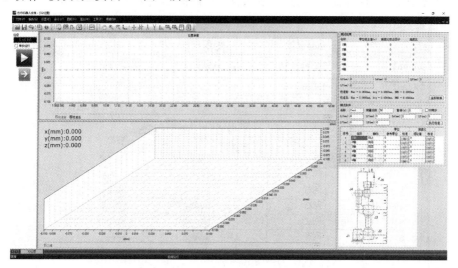

实训 17-图 1 功能主界面

（3）StartupChecks：对跟踪仪进行启动检查。

（4）CompIT：对激光跟踪仪进行自我补偿和角度精度确认，通过后可以开始使用。

以上详细步骤请参考实训 3。

2．机器人位姿准备

（1）将激光束集中到 TCP 靶球中心。

（2）在示教器上，工具坐标系选"0"系，设置低速示教。

（3）使用示教器的"轴操作键（XYZABC）"，分别调整机械臂的 X、Y、Z、A、B、C，改变位姿，然后将当前位置值定义为 P_{51}，并在 Excel 文档中记录示教点的关节值。

（4）继续使用示教器的"轴操作键（XYZABC）"，分别调整机械臂的 X、Y、Z、A、B、C，改变位姿，定义剩余的 49 个点，并在 Excel 文档中依次记录每个示教点的关节值。

$\dot{\diamond}$ 在所有示教点中，激光跟踪仪要能一直追踪到 TCP 靶球，能测量到 TCP 的位置。要求示教点的运动范围涵盖越大越好。

（5）如在示教过程中，激光跟踪仪没有追踪到 SMR，应暂停示教。

$\dot{\diamond}$ 请勿手动调整 SMR 的开口方向，以免其他位姿跟踪不到。

（6）将机器人示教到前一个位姿，使激光束手动瞄准到 TCP SMR。

（7）重复步骤 4，继续示教剩余位姿。

（8）机器人编程实现按顺序依次运动到 50 个示教点。

（9）机器人示教到 P_{51} 点，确保激光束集中到 TCP 靶球中心，然后自动运行程序模拟测试。50 个点自动运行完，若激光跟踪仪一直能跟踪到 SMR，即通过模拟测试，可以开始正式试验。否则请调到步骤 5，重新调整位姿。

3. 正式试验

（1）此部分，在软件界面右下方"测试条件"处操作，如实训 17-图 2 所示。

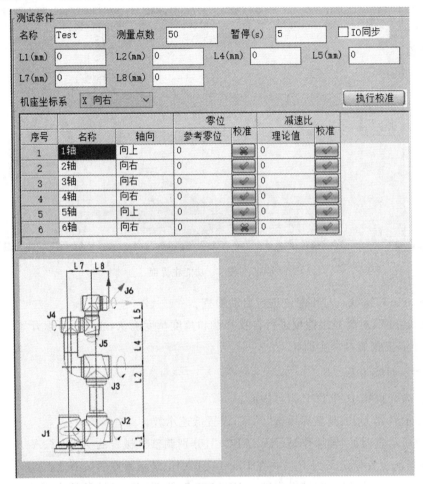

实训 17-图 2　测试条件

①在测试条件中，将机器人杆长、理论减速比等信息填写至相应位置。

②减速比、耦合比、轴向判断及参考零位设置同前。

（2）左键单击"校准数据"按钮，再单击右键，然后点击"导入"，选择记录关节值的 Excel 文档。Excel 文件需保存为"Excel 97－2003 工作簿"格式。

（3）点击"开始"按钮，开始测试。

（4）机器人开始自动运行。

（5）软件依次自动测量 50 个示教点的位置（XYZ）。

（6）测试完成后，自动计算校准结果，如实训 17-图 3 所示。

也可以先测试示教点的位置，然后导入关节值，再手动点击"执行校准"命令。

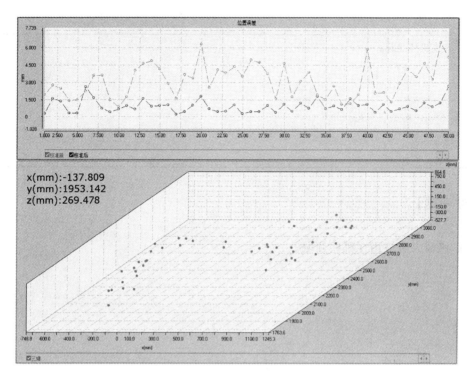

实训 17-图 3　校准结果

【数据记录及报告】

测试结束后,可在软件里生成报告,报告格式如实训 17-表 1 所示。

实训 17-表 1　测试报告

名称	零位修正值/°	减速比修正因子	减速比
1 轴	—	—	—
2 轴	—	—	—
3 轴	—	—	—
4 轴	—	—	—
5 轴	—	—	—
6 轴	—	—	—

$L_2=--\text{mm}, L_4=--\text{mm}$

$L_5=--\text{mm}, L_7=--\text{mm}$

校准前：$\text{Max}=--\text{mm}, \text{Avg}=--\text{mm}, \text{RMS}=--\text{mm}$

校准后：$\text{Max}=--\text{mm}, \text{Avg}=--\text{mm}, \text{RMS}=--\text{mm}$

TCP：$X=--\text{mm}, Y=--\text{mm}, Z=--\text{mm}$

续表

测量坐标转换机座坐标：
N： —— —— ——
O： —— ————
A： —— —— ——
P： ——————

【思考题】

协作机器人常应用在哪些领域？

实训 18　工业机器人性能提升

——码垛机器人

【试验目的】

1.熟悉码垛机器人校准的基本概念；

2.理解码垛机器人校准的基本原理；

3.学会使用 ARTS 校准码垛机器人,提升机器人性能。

【试验仪器】

同实训 3,另需码垛机器人一台。

【试验原理】

利用激光跟踪仪采集机器人空间位置坐标,结合理论模型与实际机器人 D-H 参数,通过 ARTS 软件分析计算,得到机器人精度误差值以及 D-H 参数补偿值。

具体试验原理可见本书第 4 章"工业机器人标定技术"。

【注意事项】

1.固定靶球防摔夹片；

2.切勿用手、布、棉等任何物件触摸靶球镜面；

3.仪器于地面摆放稳固、卡盘卡紧；

4.测试过程中,不得有任何人或物体穿越跟踪仪与被测机器人之间的区域。

【试验步骤与内容】

1.试验前准备

（1）跟踪仪安装:正确安装激光跟踪仪。

（2）打开跟踪仪电源，开启工业机器人测量软件，进入"机器人校准"功能主界面，并点击进入"码垛"模块，如实训18-图1所示。

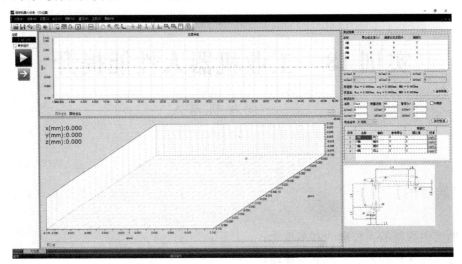

实训 18-图 1　功能主界面

（3）StartupChecks：对跟踪仪进行启动检查。

（4）CompIT：对激光跟踪仪进行自我补偿和角度精度确认，通过后可以开始使用。

以上详细步骤请参考实训 3。

2. 机器人位姿准备

（1）将激光束集中到 TCP 靶球中心。

（2）在示教器上，工具坐标系选"0"系，设置低速示教。

（3）使用示教器的"轴操作键（XYZABC）"，分别调整机械臂的 X、Y、Z、A、B、C，改变位姿，然后将当前位置值定义为 P_{51}，并在 Excel 文档中记录示教点的关节值。

（4）继续使用示教器的"轴操作键（XYZABC）"，分别调整机械臂的 X、Y、Z、A、B、C，改变位姿，定义剩余的 49 个点，并在 Excel 文档中依次记录每个示教点的关节值。

　　　在所有示教点中，激光跟踪仪要能一直追踪到 TCP 靶球，能测量到 TCP 的位置。要求示教点的运动范围涵盖越大越好。

（5）如在示教过程中，激光跟踪仪没有追踪到 SMR，应暂停示教。

　　　请勿手动调整 SMR 的开口方向，以免其他位姿跟踪不到。

（6）将机器人示教到前一个位姿，使激光束手动瞄准到 TCP SMR。

（7）重复步骤 4，继续示教剩余位姿。

（8）机器人编程实现按顺序依次运动到 50 个示教点。

（9）机器人示教到 P_{51} 点，确保激光束集中到 TCP 靶球中心，然后自动运行程序模拟测试。50 个点自动运行完，若激光跟踪仪一直能跟踪到 SMR，即通过模拟测试，可以开始正式试验。否则请调到步骤 5，重新调整位姿。

3.正式试验

(1)此部分,在软件界面右下方"测试条件"处操作,如实训 18-图 2 所示。

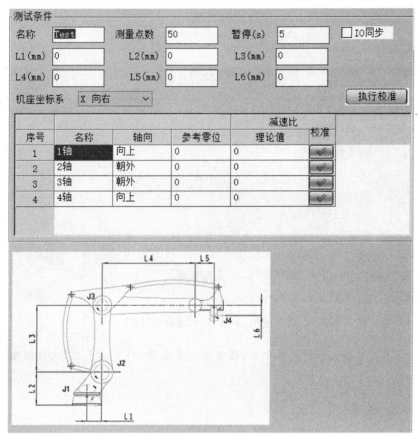

实训 18-图 2　测试条件

①在测试条件中,将机器人杆长、理论减速比等信息填写至相应位置。

②减速比、耦合比、轴向判断及参考零位设置同前。

(2)左键单击"校准数据"按钮,再单击右键,然后点击"导入",选择记录关节值的 Excel 文档。Excel 文件需保存为"Excel 97—2003 工作簿"格式。

(3)点击"开始"按钮,开始测试。

(4)机器人开始自动运行。

(5)软件依次自动测量 50 个示教点的位置(XYZ)。

(6)测试完成后,自动计算校准结果,如实训 18-图 3 所示。

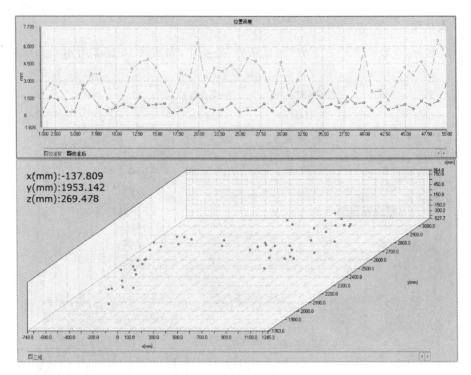

实训 18-图 3　校准结果

也可以先测试示教点的位置,然后导入关节值,再手动点击"执行校准"命令。

【数据记录及报告】

测试结束后,可在软件里生成报告,报告格式如实训 18-表 1 所示。

实训 18-表 1　测试报告

名称	零位修正值/°	减速比修正因子	减速比
1 轴	—	—	—
2 轴	—	—	—
3 轴	—	—	—
4 轴	—	—	—
5 轴	—	—	—
6 轴	—	—	—

$L_1 = --$ mm, $L_2 = --$ mm, $L_3 = --$ mm

$L_4 = --$ mm, $L_5 = --$ mm, $L_6 = --$ mm

校准前:Max$=--$mm, Avg$=--$mm, RMS$=--$mm

校准后:Max$=--$mm, Avg$=--$mm, RMS$=--$mm

续表

TCP：$X=--$mm，$Y=--$mm，$Z=--$mm

测量坐标转换机座坐标：

N：　———　——

O：　—————

A：　———　——

P：　—————

【思考题】

码垛机器人校准时，需遵循的"平行四边形"是哪个？

实训 19 工业机器人性能提升

——抖动测量

【试验目的】

1. 熟悉机器人抖动测量的基本概念；
2. 理解机器人抖动测量的基本原理；
3. 学会使用 ARTS 进行机器人抖动测量。

【试验仪器】

工业机器人抖动测量分析系统，如实训 19-图 1 所示，主要包含：(a)工业机器人抖动测量仪，(b)工业机器人运行测量分析仪，(c)工业机器人运行测量分析软件，(d)振动台，(e)力锤，(f)加速度传感器。

【试验原理】

利用机器人抖动测量仪采集机器人运动时的形态数据，通过 ARTS 软件分析计算，得到机器人抖动误差值。

具体试验原理可见本书第 4 章"工业机器人标定技术"。

【注意事项】

1. 加速度传感器轻拿轻放；
2. 力锤轻拿轻放；
3. 准确选用加速度传感器；
4. 测试过程中保持加速度传感器与被测对象稳固接触；
5. 测试过程中，连接加速度传感器的线要固定，防止碰撞被测对象引起二次激励。

(a) 工业机器人抖动测量仪

(b) 工业机器人运行测量分析仪

(c) 工业机器人运行测量分析软件

(d) 振动台

(e) 力锤

(f) 加速度传感器

实训 19-图 1　工业机器人抖动测量分析系统

【试验步骤与内容】

1. 硬件参数设置

　　双击桌面数据采集与分析软件快捷图标打开软件,选择"数据采集与分析"功能下的"动态信号分析"模块。进入"动态信号分析"功能界面,如实训 19-图 2 所示。

　　主界面布局如实训 19-图 3 所示,包括:菜单、工具栏、控制面板、窗口显示、窗口列表、状态栏等。

　　点击工具栏中"硬件参数"按钮 ,打开硬件参数设置窗口。该设置窗口主要针对仪器输入通道中所接入的传感器参数进行设置。

　　耦合方式:DC——测量输入信号中的 AC 与 DC 成分;AC——测量输入信号中的 AC 分量;IEPE——针对电压型传感器,灵敏度为 mv/unit。可以根据需求选择不同的传感器类型。如果是电荷型传感器,则需要经过调理装置转变为电压信号再接入输入通道。

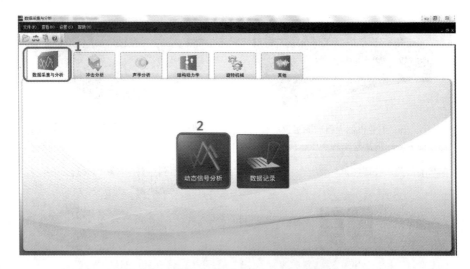

实训 19-图 2　"动态信号分析"功能界面

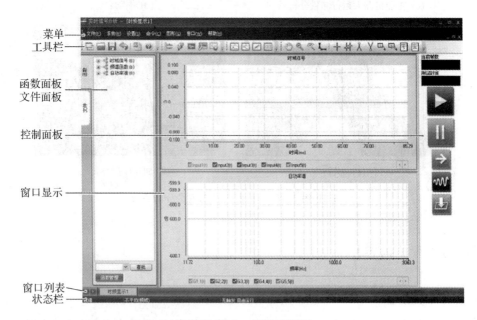

实训 19-图 3　主界面布局

2. 采样参数设置

点击工具栏中"分析参数"按钮 ,打开测试内容设置窗口。该设置窗口用于设置在进行数据采集分析时的采样参数及触发参数。

采样频率:单位时间内的采样次数,单位为 Hz。在实际使用中,应根据信号的频宽,合理选择采样频率。过小会造成频率混叠,过大会使频谱分辨率降低。如果无法确定采样频率,可选择较高的采样频率,开始测试观察 FFT 函数的分布,再确定采样参数。帧时间与频率分辨率的关系:$\Delta f = \dfrac{f_s}{N} = \dfrac{1}{NT_s} = \dfrac{1}{T_F}$

重叠处理用于低频信号的分析,减少测试时间,增加频谱分辨率。选择合理的窗函数,适当增加信号截取的长度。如实训 19-图 4 所示。

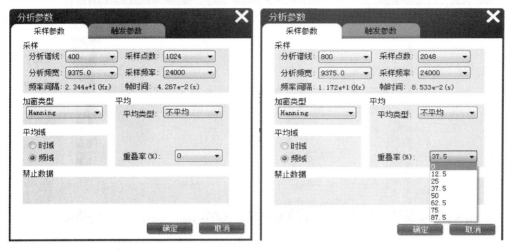

实训 19-图 4　采样参数设置

3.测试内容设置

点击工具栏中"测试内容"按钮，打开测试内容设置窗口。该设置窗口用于设置所需分析的函数类型(如 FFT、功率谱函数、频率响应函数等)。

通过选中所需要分析的函数类型，然后点击"编辑"；在弹出的窗口中选择有效信号的通道后点击"确定"，完成测试内容的设置。如实训 19-图 5 所示。

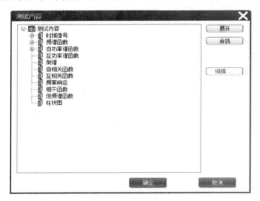 

实训 19-图 5　测试内容设置

4.开始测试

在完成各项参数的设置后，便可点击主界面上的"开始"按钮 ▶ 来启动试验进行数据采集。如实训 19-图 6 所示。

5.存储管理

点击工具栏中"存储管理"按钮，打开存储设置窗口。该设置窗口用于设置存储/数据记录路径、存储内容和数据记录通道等。

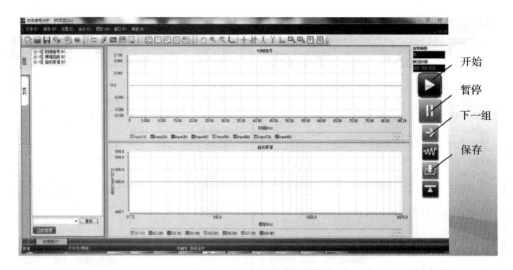

实训 19-图 6　启动试验

注：存储功能保存的数据为单帧信号或图片，数据记录所保存的为长时间无缝时域信号。如实训 19-图 7 所示。

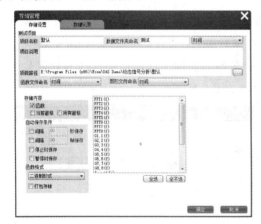 

实训 19-图 7　存储管理

6.停止试验

当完成所需的测试后，只需点击主界面上的停止按钮便可停止试验。

软件主要功能如实训 19-图 8 所示。

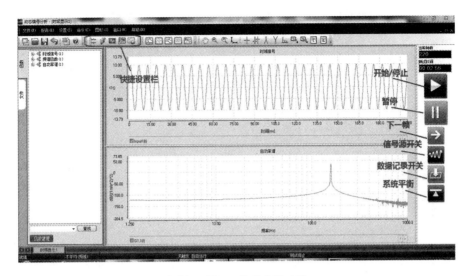

实训 19-图 8　软件主要功能

【思考题】

1. 加速度传感器安装位置应如何考虑?
2. 测试时采样频率如何选取?
3. 如何选取分析频段?